AF458095

COMMENTATIONES BOTANICÆ.

COMMENTATIONES BOTANICÆ.

OBSERVATIONS BOTANIQUES,

DÉDIÉES A LA SOCIÉTÉ D'HORTICULTURE DE TOURNAY,

Par B.-C. DUMORTIER.

TOURNAY,
IMPRIMERIE DE CH. CASTERMAN-DIEU,
RUE DE PONT, N.° 10.

1823.

DISCOURS
PRÉLIMINAIRE.

Il est peu de pays qui puissent se flatter d'avoir fourni autant de Botanistes célèbres, que la Belgique, et s'il est permis de dire que certaines sciences ont eu une patrie, je ne craindrai pas d'avancer que les Pays-Bas ont été le berceau de la Botanique. En effet avant Dodoens, Lobel et Clusius cette science n'était qu'une connaissance empirique de végétaux, dans lesquels, pour me servir de l'expression de Lamarck, on n'avait considéré que la matière propre à faire des onguens et des apozèmes : les premiers, ils étudièrent les plantes pour elles-mêmes, en séparant l'étude de la Botanique de celle de la Médecine dont elle avait fait partie jusqu'alors.

On trouve dans nos trois auteurs les premiers fondemens des rapports naturels des plantes : ainsi dans Lobel, les monocotylédones sont séparées des dicotylédones et les graminées avoisinent les liliacées, qui elles-mêmes sont suivies des orchidées, etc. Si cet exemple, n'a pas été constamment suivi, c'est que les premiers Botanistes n'étant pas assez pénétrés de la valeur des organes floraux, leur préféraient souvent les caractères tirés des feuilles; de là la source d'une foule d'erreurs qu'il était réservé à Tournefort de redresser, et à Linnée de faire disparaître à jamais du domaine de la Botanique.

La Belgique a encore fourni quantité de Botanistes distingués : pour prouver ce que j'avance, aurai-je besoin de rappeler les Munting, les Commelin, Rheede, Spigel, Pison, Sterbeeck, Gronovius, Wachendorf, van Berkhey, Boerhaave, Rumphius, Necker, Hottuyn, les Burmann, et de nos jours, Jacquin, Redouté et Persoon (*)!!! Quel est le pays d'une si petite étendue qui pourra désigner autant de Botanistes illustres? C'est à cet amour des plantes, qui fut de tous tems une des passions dominantes chez les Belges, que nous les devons.

L'Italie avait à peine trois jardins botaniques et aucune autre nation n'en possédait, lorsque celui de Leyde fut fondé, et, en peu d'années, il devint le plus riche de l'Europe. Aussitôt une foule de jardins s'élèvent de toutes parts, chaque province, chaque ville veut avoir le sien,

---

(*) Il est étonnant que notre gouvernement n'ait pas cherché à s'attacher Mr. Persoon, que nous savons positivement être sans emploi.

Amsterdam, Utrecht, Louvain, Harderwich, Groningue, Harlem, Breda, rivalisent de zèle et d'ardeur. Tournefort visite ces jardins si célèbres, et Linnée établit en Belgique les fondemens réformateurs de la science et y acquiert ses premiers titres de gloire. Hermann, Pison, Rumphius, Thumberg, voyagent aux frais de la république batave, toutes les sciences sont encouragées, tous les savans doivent à la Belgique une partie de leur science, c'est un foyer dont les rayons embrassent l'univers.

Mais tandis qu'on s'occupe des plantes exotiques, la connaissance des végétaux indigènes n'est pas négligée.

Environnée par la France, l'Allemagne et l'Angleterre, la Belgique dont le sol et le climat participent à ceux de ces trois pays, ne pouvait manquer d'offrir une source abondante de richesses végétales et une foule d'observateurs pour les étudier : aussi possédons-nous de bons ouvrages sur la flore de notre pays. Parmi ceux qui rassemblent les végétaux de plusieurs provinces, on doit remarquer la Flore Belgique, celle des sept provinces par Gorter, et les supplémens de Van Geuns, De Geer, Reinwardt et Van Hall, la Flore Batave de Kops, le *Kruidkundig handboek* de Schuurmann Stekhoven, la

Flore Belgique de Linnée, celle du nord de la France par Roucel, et la Botanographie Belgique de Lestiboudois. D'autres Botanistes non moins recommandables se sont occupés de l'étude des végétaux de certaines provinces ; c'est ainsi que la Gueldre a été explorée par Gorter, la Frise par Meese, la Hollande par Boerhaave et J. Commelin, les environs de Leyde par Kralix, Vorstius et Mulder, ceux de Zwoll par Brumann (*), le pays de Liège et le Limbourg par Lejeune, les environs d'Harlem par Loosjes, le Brabant par Kickx et par Dekin et Passy, le Hainaut par Hocquart, la Flandre Orientale Van Hoorebeke.

Mais, après avoir passé en revue les parties du royaume qui ont été explorées, si nous envisageons ce qui nous reste à faire, nous verrons des contrées très-fertiles en espèces rares et qui n'ont encore été que peu ou point visitées. Le Luxembourg dont le sol est si varié et qui comme la plus méridionale est aussi peut-être la plus riche de nos provinces ; le pays de Namur, partout si

(*) L'ouvrage de Brumann parait être de la plus grande rareté, puisque jusqu'ici, je n'ai pu me le procurer, et que je ne l'ai vu cité que dans Gorter, qui lui-même ne l'avait vu qu'une seule fois. Voici ce qu'il en dit pag. 11 de sa *Flora Belgica..... Venerandus senex dominus E.-H. Molkenbour, tribunus plebis et medicus apud Zuollanos experitissimus, à quo indicem Plantarum circa Zuollam in Transysalaniâ crescentium. 1662, 8° ab Henrico Brumanno Gymnasi t. t. ibidem rectore, editum, à me nullibi antea visum, accepi.*

pittoresque et si montagneux ; l'Eiffel cette région volcanisée si voisine de la Belgique et qui en a fait partie jusqu'en 1815 ; les côtes de la Flandre-Occidentale et de la Zélande ; les landes du Brabant-Septentrional ; les marais de la Drente et de l'Overyssel ; les côtes septentrionales de Groningue, réclamment aujourd'hui leur *Lejeune*.

Par cette rapide énumération, il est facile de voir que ce qui reste à faire égale presque ce qui a été fait, et cependant le nombre des végétaux indigènes à la Belgique, s'élève déjà pour les Phanérogames, beaucoup au-delà de deux mille espèces, et si l'on y ajoute autant de Cryptogames, on aura un total d'environ de quatre mille cinq cents espèces. Il est vrai que plusieurs provinces ont été parcourues par des Botanistes qui, bien qu'ils n'aient rien publié, n'en ont pas moins considérablement avancé nos connaissances en ce genre ; aussi ne puis-je résister au plaisir de citer ici MM. Dossin, Beyer, Nyst, Favrod de Fellens, Michel, Courtois, De Haan, Dreissen, Marchant, Nève, Olislagers, Tinant et surtout Mademoiselle Libert, qui doit publier la Cryptogamie des environs de Spa.

Il manquait une flore qui, réunissant ces divers travaux, fît connaître l'ensemble de nos richesses végétales ; j'ai osé l'entreprendre , et j'espère, qu'aidé de la plupart des Botanistes que je viens de citer , je pourrai la publier sous peu. Je prie donc instamment les personnes qui auraient observé des plantes rares dans notre patrie de vouloir m'en remettre des échantillons , afin de rendre la Flore Belgique aussi complète que possible.

Comme je donnerai alors une histoire littéraire des Botanistes Belges , je ne m'étendrai pas ici d'avantage , mais je ne puis m'empêcher d'observer qu'il est étonnant que des plantes ne nous rappellent pas le souvenir de plusieurs de nos compatriotes qui ont contribué aux progrès de la Botanique. C'est pour rendre à leurs travaux la justice qu'ils ont méritée à plus d'un titre que je leur dédie quelques genres de plantes jusqu'ici mal classées.

Je donnerai ensuite quelques observations sur la méthode que je me propose de suivre dans la flore de notre royaume.

Tournay , ce 3 Juillet 1822.

OBSERVATIONS
BOTANIQUES.

CHAPITRE PREMIER.

Quelques genres dédiés à des Botanistes Belges.

LIBERTIA.

HEMEROCALLIDIS sp. *Thumb. Willd. Pers.*

Il est juste que ce premier genre soit offert à Melle M.-A. LIBERT, la dame botaniste la plus instruite qui existe maintenant en Europe.

Melle Libert a enrichi la Flore de Spa, d'une infinité de plantes rares ou nouvelles, et la Flore française lui doit plusieurs cryptogames nouveaux. Mr LEJEUNE, auteur de la Flore de Spa, lui ayant confié le soin de la cryptogamie de sa Flore, elle a receuilli des matériaux considérables et est occupée à les coordonner, on sera étonné du nombre de nouvelles espèces qui y figureront.

Melle Libert a dernièrement publié un mémoire dans lequel elle dédie à Mr Lejeune un genre de cryptogamie. Ce genre, qu'elle nomme Lejeunia, est composé de quelques espèces de jongermannes.

Car. diff. Corolla basi tubulosa, stamina declinata; stigma simplex villosum; semina depressa, imbricata, alâ membranaceâ cincta.

Car. similiaris. (*) — Veg. Herbæ perennes. Turio tuberculosus, carnosus, radicibus numerosis, ramosis. Foliatio convoluta. Folia petiolata, plus minusvè cordata, nervis confluentibus. Flores spicati bracteati.

Flor. Corolla infera, campanulata, basi tubulosa, ad medium usque sexpartita, limbo æquali. Stamina sex declinata; stylus declinatus, filiformis; stigma parvulum simplex, villosum.

Fruct. Capsula sexvalvis, oblonga, mucronata, trilocularis, tribus fissuris per totam longitudinem dehiscens. Dissepimenta tres ex dimidiâ parte valvularum, internè geminatim coalitarum. Placentarium unum singulæ valvulæ centrali margine adfixum. Semina adscendentia, depressa, alâ membranaceâ cincta. Albumen subpellucidum carnosum. Embryo minimus compressus.

Obs. Genue valdè hemerocallidi, lilio et agapantho proximus. Hemerocallidem refert corollæ, staminum et styli formâ, differt vegetatione et fructificatione. Lilium

---

(*) Pour ne pas entrer dans de trop grands détails, je n'ai donné de description complète que pour ce genre. Il est étonnant que les plantes dont il s'agit ici, si communes dans les jardins, n'aient pas été séparées plutôt d'un genre avec lequel elle n'ont que peu de rapports. Gærtner, dont la perspicacité était si grande, avait bien prévu cette différence lorsqu'il dit dans son immortel ouvrage : *Etsi ab ipso Thumbergio per litteras certior factus sim, quod semina nostra omnino sint hemerocallidis cordatæ; nondum tamen convictus sum, quod ipsum Jamma-Sakuso sit genuina hemerocallidis species, quando quidem fructu suo, a vulgari, per singula puncta differat. Gærl. fruct. 2 p. 484.*

refert corolla campanulata differt corolla tubulosa nec hexapetala. Agapanthum, refert corollâ seminibusque imbricatis membranulosis, sed differt stigmate simplici nec trifido, seminibus utrinque, nec apice tantum membrana cinctis; spathâ nullâ et imprimis vegetatione.

Class. Ad classem Tournefortii nonam nempe flore liliaceo; ad hexandriam monogyniam Linnæi pertinet. In ordine naturali, inter hemerocallideas Br. inquerendum genus.

1. Libertia recta.

Spicâ recta aphylla, bractæis membranaceis, corollæ limbo campanulato.

Hemerocallis japonica. β. *Willd. spec.* 2. *p.* 198; *enum.* 1 *p.* 389.

Hemerocallis cærulea. *Andr. bot. rep.* 6. — *Curt. mag.* 894. — *Vent. malm.* 18. — *Pers. syn.* 1. *p.* 382. — *Red. lil.* 106. — *Ait. kew.* 2. *p.* 305. — *Dum. cours. bot. cult.* 2. *p.* 206. — *Poir. dict. suppl.* 3. *p.* 34.

Perennis, floret junio, fructificat septembri, octobri.

Habitat in Japoniâ (Ait.), in Chinâ (Vent), ab anno 1790 in Europa culta.

Radix fibrosa alba. Herba formosa glabra. Folia omnia radicalia, petiolata, raro cordata, sæpius cordato-ovata, apicè acuta, subtus lucida, marginata, sub 15 nervia. Scapus bipedalis vel cubitalis, simplex, erectus, aphyllus, floriferus. Flores subspicati, bracteati, pedunculati, violaceo cærulei, albo notati, pulchri, inodori. Bracteæ membranaceæ, pedunculo longiores. Pedunculus brevis, coloratus. Perigonium basi tubulosum, dein campanulatum, striatum, segmentis nunquam reflexis. Stamina thalamo inserta, apice valdè declinata, antheræ violaceæ, sagittatæ, polline flavo; stylus declinatus; stigma villosum. Capsula pendulina, trigono-ovata, utrinque attenuata, apice dissepimento depressa. Semina oblonga, opaca, compressa, membranâ nigrâ cincta. Nucleus griseus ad basin marginis situs. Albumen coriaceum, subpellucidum; embryo parvus ovatus compressus albus. (*Descr. viv. cult.*)

2. Libertia cernua.

Scapo cernuo, bractæis foliaceis, corollæ limbo reflexo.

Hemerocallis japonica. *Willd. spec.* 2. *p.* 198. — *Red. lil.* 3. — *Ait. kevv.* 2. *p.* 305.

Hemerocallis alba. *Andr. rep.* 194. — *Pers. syn.* 1. *p.* 382.

Lilium cordifolium. *Dum. cours. bot. cult.* 2. *p.* 200. *exc. syn. Thumb. utroq.*

Hemerocallis plantaginea. *Dum. cours. l. c. p.* 260.

β Libertia septemnervis.

Foliis ovato lanceolatis septemnerviis.

Hemerocallis japonica. *Thumb. jap.* 142. — *Lamk. dict.* 3. *p.* 104.

Perennis floret augusto, septembri; fructificat......

Habitat in Japonia in regionibus Fusi et Fokoniæ, Nangasaki et alibi (Thumb.).

Radix fibrosa, alba. Herba pulcherrima, pallida, glabra. Folia radicalia petiolata, patulæ, in rosulam congesta, cordato-ovata, acuminata, lætè viridia, petiolis canaliculatis. Scapus teres, sesquipedalis cernuus. Bracteæ concavæ, inferiores amplæ, foliiformes, superiores magnitudine sensim minori; bracteolæ parvæ ovatæ, floris pedunculum amplectentes. Pedunculus brevis, albus, erectus, demum cernuus. Flores magni formosi, erectiusculi, candidi, odore citri aurantiaci suaveolentes. Corollæ tubus cylindricus, inflexus; limbus campanulatus læviter reflexus. Stamina filiformia, ad basin tubi inserta, paululùm declinata, antheris ochroleucis. Stylus filiformis, declinatus staminibus longior. Stigma simplex fissuris tribus. Germen glaberrimum candidum. (*Descr. viv. cult.*)

Libertia septemnervis gaudet scapo articulato, pedunculo unguiculari, foliisque septemnerviis; mihi species distincta videtur.

Libertia heteroclita.

Floribus erectis, capsulâ sexloculari angulatâ.

Hemerocallis cordata. *Thumb. jap.* 143. — *Gært. fruct.* 2. *p.* 484. *t.* 179.

Perennis floret...... Fructificat octobri.

Habitat in Japoniæ insulâ Niphon, juxta Nangasaki. (Thumb.)

Japonicè. Bakuli et tepuli, it. Jamma sakuso.

Caulis teres, erectus, glaber, pedalis et ultra. Folia alterna, petiolata, cordata, ovato-oblonga, acuta, supra viridia, subtùs pallida, utrinque glabra, venosa, erecta, spithamea, palmam lata; juniora sensim minora et minus cordata. Petioli alati, compressi, longitudine folii. Flores terminales alterni, erecti, defloratos tantum vidi. Capsula angulata, ovata, sexlocularis, glabra pollicaris. Semina in singulo loculamento plurima (*Descr. ex. Thumb.*). Semina obovato-triangula, foliaceo-compressa, diaphana marginata; margo tenuissimus, latissimus, membranaceus, aureo splendens, transparens, a basi versus nucleum duabus lineis opacis notatus, quarum altera a funiculo umbilicali rectiuscula, altera vero sigmoidea ad albuminis latus flexa. Nucleus per integumentum externum transparens, obovatus, ferrugineo fuscus. Albumen semine multo augustius, carnosum, durum, album, sub pellucidum. Embryo minutulus, ovato oblongus compressus niveus. (*Descr. ex Gært.*)

Obs. Species valdè distincta, a amonocotyledonarum familiis nempè Liliaceis, Narcissoideis, Irideis, Juncoideis, Colchicaceis, *etc.*, recedens capsulà sexloculari. Quem characterem pro erroneo habuissem nisi a Thumbergio fuisset adnotatus.

ROUCELA.

CAMPANULÆ sp. *Lin. Lam.*

Mr ROUCEL, d'Alost, à qui je dédie ce genre est le premier, depuis Linnée, qui ait écrit sur les plantes qui croissent dans les provinces méridionales du Royaume. On a de lui deux ouvrages sur la botanique de ces provinces;

1° Traité des plantes les moins fréquentes qui croissent dans les environs de Gand, d'Alost, de Termonde et de Bruxelles, un vol. 8°, Brux., 1792;

2° Flore du Nord de la France, deux vol. in-12, Paris, 1803, dont j'ai parlé dans le discours préliminaire. Lors de la publication de cet ouvrage nous n'avions aucune notion des végétaux indigènes et l'on peut assurer qu'elle a été pour la Flandre ce que la Flore française a été pour la France.

CAR. DIFF. Calix patens demum increscens. Corolla vix regularis stylus triangularis. Stigmata tres. Capsula turbinata trilocularis apice dehiscens.

OBS. Calyce, corollâ, capsulâ et caule dichotomo a Campanula diversum genus.

1. ROUCELA ERINUS.

Foliis sessilibus ovatis, superioribus oppositis tridentatis, floribus subsessilibus.

Campanula Erinus. *Lin. spec.* 240. — *Lam. dict.* 1. *p.* 585. — *Desf. atl.* 1. *p.* 181. — *Willd. spec.* 1. *p.* 917.

Annua. Habitat in ruderatis Europæ australioris et inter segetes Africæ borealis.

2. Roucela drabæfolia.

Foliis sessilibus dentatis, floralibus oppositis, corollæ tubo ventricoso.

Campanula drabæ minoris foliis. *Tourn. cor. p.* 112.

C. drabifolia. *Sibth. fl. græc. t.* 215. — *Smith. prod. græc.* 497.

Annua. Habitat in Græciâ, in vineis et inter Gossypia, insulæ Sami et prope Athenas.

KOPSIA.

OROBANCHES sp. *Tourn. Lin. Desf. Juss. Gært.*

Je dédie ce genre à Mr KOPS, auteur de la Flore Batave. Cet ouvrage a commencé à paraître en 1800 et jusqu'ici ne renferme que des phanérogames. Ces plantes, indigènes aux provinces septentrionales et dont le nombre est de plus de 320, sont accompagnées de figures dessinées par SEEP et fils, d'Amsterdam.

La Flore batave est sans contredit le plus bel ouvrage qui ait été publié sur les plantes indigènes au royaume des Pays-Bas.

CAR. DIFF. Calyx monophyllus quadridentatus. Corolla quinquefida. Capsula unilocularis bivalvis.

Species plerumque ramosæ et forsan perennes.

OBS. Genus cum Orobanche (*) diu confusus, differt tamen calyce monophyllo nec bracteiformi diphyllo; corollâ subæquali quinquelobatâ nec rigente quadripartita. A Phelipeâ differt calyce quadridentato.

1. KOPSIA RAMOSA.

Caule ramoso, bracteis ternis, calyce brevi.

Orobanche ramosa, floribus purpurascentibus. *C. Bauh. pin.* 88. — *Tourn. inst.* 176.

Orobanche ramosa. *Lin. Spec.* 882. — *Bull. herb. t.* 399. — *Poir. dict.* 4. *p.* 623. — *Lam. ill. t.* 551. *f.* 2. — *Smith. brit.* 671. — *Desf. atl.* 2. *p.* 60. — *Dec. Fl. fr. n.°* 2458. — *Pers. syn.* 2. *p.* 181. — *Hoor. orob. p.* 3. *n°* 7.

(*) En char. orobanches reformatus : Calyx bracteiformis diphyllus; corolla quadripartita rigens.

β Caule simplici.

Habitat in Europâ ad radices præsertim cannabis parasitica.

2. Kopsia arenaria.

Caule simplicissimo, bracteis solitariis, calyce brevi.

Orobanche cretica procerior non ramosa caule tenui, flore parvo subcæruleo. *Tourn. cor. p.* 10.

O. arenaria. *Bieb. taur.* 1220 *et suppl.*

O. ramosa. *Gært. f. carp.* 43. *t.* 185 *: non syn.*

Habitat in arenâ mobili deserti Astracanensis atque Cumani, in Poloniâ et Taurina. (Bieb.)

An huc quoque referendum O. ramosam caule simplici auctorum?

3. Kopsia cærulea.

Caule subsimplici, bracteis ternis, calyce tubulato.

Orobanche purpurea. *Jacq. Austr. t.* 276.

O. lævis. *Lam. fl. fr.* 2 *p.* 327. — *Poir. dict.* 4. *p.* 622.

O. cærulea. *Vill. delph.* 2. *p.* 406. — *Smith. brit.* 670. — *Dec. fl. fr. n.°* 2457. — *Hoor orob.* 3. *n.°* 5.

Hab. in pascuis.

4. Kopsia interrupta.

Caule flexuoso, spica interruptâ.

Orobanche ramosa. *Thum. prod. cap. p.* 97.

O. interrupta. *Pers. syn. l. c.*

Habitat ad promontorium bonæ spei.

5. KOPSIA ? LONGIFLORA.

Caule hirsuto villoso, subramoso, corollæ tubo longissimo.

O. longiflora. *Pers. Syn. l. c.*

Habitat ad promontorium bonæ spei. (Herb. Juss.)

SPECIES EXCLUDENDÆ.

Orobanche ægyptica. Pers. = Phelipea ægyptica. N.

O. insignis Clarke ex Spreng. = P. insignis. N.

REINWARDTIA.

Lini sp. *Roxb. Smith.*

Une des plus belles plantes d'ornement nous rappellera le nom de Mr Reinwardt, professeur de Botanique, à Batavia (*), auteur d'un discours intitulé : Oratio de ardore quo Botanicæ cultores in sua studia feruntur, in-4°, Harderwick, 1801.

Mr Reinwardt a aussi donné dans le Kruydkundig handboek de Stekhoven, un supplément de plantes rares. Il paraît que dans ce tems il s'occupait de la recherche des végétaux indigènes, puisque De Geer dit : « ...... vir rei herbariæ scientissimus Reinwardt, professor Amstelodamensis, qui plures etiam novas possidet stirpes, atque siquis alius de florâ nostrâ mereri possit et ut speramus merebit aliquando. (Geer. Spic. p. 24.)

Car. diff. Calyx urceolatus, quinquepartitus, persistens; corolla monopetala; stamina quinque persistentia, basi coalita; styli tres, stygmatibus capitatis; capsula sexlocularis.

(*) On lit dans les annales des sciences physiques l'article suivant, de Mr Temminek, de Leyde : « Ce savant (Mr Reinwardt) doit revenir sous peu dans la mère patrie, après une absence de cinq années, employées à des recherches dans l'île de Java, seule partie de nos colonies dans l'Inde qu'il ait visitée. Riche d'observations en tous genres, il se hatera sans doute d'en communiquer les résultats au public, qui les attend avec l'intérêt qu'inspirent toujours les travaux de cette nature. Déjà nous avons reçu pour le musée national deux riches transports, il accompagnera lui-même le troisième. Puissent les objets précieux dont ils sont composés indemniser les sciences de la perte des trois envois précédens engloutis par les flots ! bientôt ce savant va reprendre parmi nous le cours de ses utiles travaux. La chaire d'histoire naturelle, la direction du Jardin Botanique de l'Université de Leyde l'attendent. » Tom. 7, p. 177.

Reinwardtia indica.

Foliis ovatis, glabris, floribus lateralibus.

Linum trigynum. *Roxb.* — *Smith. exot. bot.* 31. *t.* 17. *Poir. dict. suppl.* 31. *p.* 442. — *Dum. Cours. bot. cult.* 7. *p.* 263. — *Roem. et Sch. syst.* 6. *p.* 754.

Perennis. Habitat in India orientali.

Nomine R. Petiolatæ, an pro specie distinctâ sit hebenda planta à Roëmero indicata foliis petiolatis, oblongis?

CASSELIA.

Cerinthoides *Boerh.* — Pulmonariæ sp. *Lin. Jus.* — Mertensia *Roth.* — Lithospermi sp. *Lehm.*

Cé genre nous rappellera le souvenir de deux de nos compatriotes, savoir ; de Mr Cassel, professeur au Jardin Botanique de Gand, dont nous avons à déplorer la perte récente, et de Mr Van Cassel, à Gand, aussi savant Botaniste qu'intelligent cultivateur, qui a enrichi les Jardins de la Belgique d'une multitude de plantes rares et nouvelles. Dumont de Courset et Decandolle se sont plu à rendre hommage à sa magnifique collection, l'un dans le botaniste cultivateur, l'autre dans la relation de son voyage botanique dans les Pays-Bas.

Mr Cassel était auteur de plusieurs ouvrages :

1° Versuch uber die naturlichen familien der pflanzen mit rucksicht, auf ihre heilkraft, un vol. in-8°, Koln, 1810 ;

2° Lehrbuch der naturlichen pflanzen ordnung, in-8°, Francfort, 1817 ;

3° Morphonomia Botanica, sive observationes circa evolutionem et proportionem partium, ed.° 1.a, in-8°, Coloniæ, 1802 ; ed.° 2.a, in-12, *ibid*, 1820.

Car. diff. Calix brevis, ad basim usque quinquepartitus, post florescentiam immutatus. Corolla infundibuliformis, limbo quinquelobato plicato, fauce perviâ. Stamina fauci tubi adnata, antheris incumbentibus sagittatis. Stigma obtusum.

Plantæ perennes ex hemisphæro boreali, foliis radicalibus post florescentiam excrescentibus ; a pulmonariâ diversæ calyce quinquepartito immutato nec quinquefido demum increscente : a lithospermo calyce immutato nec demum increscente, antheris sagittatis nec oblongis et stigmate simplicissimo nec bifido : ab utroque habitu proprio.

Index sectionum.

Calycibus hispidis.		1
Calycibus glabris.	Caule suberecto.	2
	Caule decumbente.	3

* Calycibus hispidis.

1. Casselia paniculata.

Pilosiuscula, foliis ovato-oblongis acuminatis, floribus paniculatis, calycibus hirtis.

Pulmonaria paniculata. *Ait. kew.* 1. *p.* 181 ; *ed.°* 2.ª 1. *p.* 293. — *Lam. ill. p.* 406. — *Poir. dict.* 5. *p.* 736. — *Pers. syn.* 1. *p.* 161.

Lithospermum paniculatum. *Lehm. asp.* 206.

Perennis. Habitat ad fretum hudsonis.

2. Casselia davurica.

Foliis pilosiusculis, radicalibus ovatis obtusis, superioribus lanceolato-oblongis, acuminatis, floribus paniculatis.

Pulmonaria davurica. *H. Gorenk. ex Roem. et Sch. syst.* 4. *p.* 55. — *Sims. mag.* 1743.

Lithospermum davuricum. *Lehm. asperif.* 212.

Perennis. Habitat in Davuriâ.

3. Casselia gracilis.

Foliis radicalibus petiolatis, spathulatis, caulinis sessilibus, lineari-lanceolatis, floribus paniculatis, nutantibus.

Pulmonaria gracilis. *Roem. et Sch. syst. 4. p.* 747.

Habitat ad Ochotensem sinum et in insulis adjacentibus.

4. Casselia villosula.

Foliis cordato-ovatis subtùs sericeis, margine villosis.

Lithospermum villosulum. *Lehm. asp.* 205.

Pulmonaria villosula. *Roem. et Sch. syst. 4. p.* 745.

Perennis. Habitat ad Carpathos.

** Calycibus glabris, caule suberecto.

5. Casselia sibirica.

Foliis integris glabris, radicalibus cordatis, caulinis ovatis, calycibus acutis.

Anchusa foliis radicalibus cordatis, caulinis ovatis. *Gmel. sib. 4. p. 75. t.* 39.

Pulmonaria sibirica. *Lin. spec.* 194. — *Lam. ill.* 1834. — *Poir. dict. 5. p.* 736. — *Willd. spec. 1. p.* 770. — *Roem. et sch. syst. p. 56, excl. syn. Prush.*

Lithospermum sibiricum. *Lehm. asp.* 209.

Perennis. Habitat in Sibirià, in sylvis ad Lenam fluvium.

6. Casselia denticulata.

Caule erecto, foliis ovato-oblongis acutis, calycibusque margine denticulatis.

Pulmonaria sibirica. *Prush. amer.* 2. *p.* 729, *excl. syn.*

Lithospermum denticulatum. *Lehm. asp.* 210.

Perennis. Habitat in Americâ septentrionali.

7. Casselia virginica.

Caule erecto foliisque glabris, radicalibus ovatis, caulinis ovato-lanceolatis integris, calyce lævi.

Pulmonaria virginica. *Mill. dict.* 6. *p.* 157. — *Lin. spec.* 194. — *Lam. ill.* 1833. — *Poir. dict.* 5. *p.* 746. — *Mich. amer.* 1. *p.* 131. — *Pers. syn.* 1. *p.* 161.

Mertensia pulmonarioïdes. *Roth. cat.* 1. *p.* 34. — *Moench. meth. suppl. p.* 149.

Lithospermum pulchrum. *Lehm. asp.* 207.

Perennis. Habitat in Virginiâ, Caroliniâ ad ripas arenosas.

8. Casselia lanceolata.

Caule erecto foliis radicalibus longissime petiolatis lanceolatis, caulinis lineari oblongis.

Pulmonaria lanceolata. *Prush. amer.* 2. *p.* 729.

Perennis. Habitat in Luisianâ superiori.

9. Casselia simplicissima.

Caule erecto simplicissimo, foliis ovato-oblongis, calycibus undulatis rugosis asperis.

Pulmonaria simplicissima. *Ledebour* : *Roem. et Sch. syst.* 4. *p.* 746.

Lithospermum simplicissimum. *Lehm. asp.* 211.

Perennis. Habitat in Sibiriâ orientali.

10. Casselia bracteata.

Glabra, foliis inferioribus petiolatis, superioribus cordato-amplexicaulibus, summis oppositis.

Pulmonaria bracteata. *Willd. Mss. ex Roem. et Sch.* 4. *p.* 747.

Perennis. Habitat in monte Sinaja sopha Sibiriæ.

*** Calycibus glabris, caule decumbente.

11. Casselia maritima.

Caule ramoso procumbente, foliis carnosis, ovatis, glaucis caloso-punctatis, racemis foliosis.

Cerinthoïdes argentea flore pulchrè cæruleo. *Boerh. lugdb.* 1. *p.* 196.

Pulmonaria maritima. *Lin. spec.* 195. — *Lam. ill.* 1855. — *Poir. dict.* 5. *p.* 736. — *Sm. brit.* 218; *Engl. bot.* 368. — *Pers. l. c.* — *Lodd. bot. cab.*

Lithospermum maritimum. *Lehm. asp.* 208.

Perennis. Habitat in maritimis arenosis Europæ occidentalis et borealis. (In Belgio nondum reperta.)

12. Casselia parviflora.

Caule diffuso procumbente glaberrimo, foliis ovato spathulatis carnosis, pedunculis lateralibus unifloris.

Pulmonaria parviflora. *Mich. amer.* 1. *p.* 132. — *Prush. Amer.* 1. *p.* 131.

Perennis. Habitat prope flumen St Laurentii.

Eadem ac C. maritima ?

DEMAZERIA.

Cynosuri sp. *Jacq. obs.* — Poæ. sp. *Jacq. ic. rar.*; *Beauv.* — Brizæ. sp. *Scop.* — Tritici. sp. *Ait.*; *Vahl.*; *Lam.*

Je dédie ce genre à mon ami Mr H. Desmazières, botaniste très-instruit, auteur d'une Agrostographie (*) du Nord de la France, imprimée à Lille, en 1811, in-8°, et qu'on m'a assuré avoir été traduite en anglais.

(*) Pour donner une idée du nombre des plantes de ma Flore belgique, je comparerai le nombre des graminées qu'elle doit comprendre avec celui des mêmes plantes décrites par les auteurs qui ont traité des plantes indigènes.

Meese, ...	décrit	31	espèces	de graminées.
Mulder, ...	»	41	»	»
Rosenthal, . . .	»	49	»	»
Kickx, ...	»	72	»	»
Gorter (prov.),	»	80	»	»
Roucel, ...	»	81	»	»
Lestiboudois, . .	»	83	»	»
Dekin et Passy,	»	86	»	»
Van Hall, . . .	»	97	»	»
Steckhoven, . . .	»	100	»	»
Hocquart, ...	»	106	»	»
Desmazières, . .	»	111	»	»
Lejeune, ...	»	135	»	»

La Flore belgique en comprendra plus de deux cents, outre un nombre considérable de variétés, ce qui paraîtra très-étonnant si l'on considère que le dernier *compendium* de la Flore britannique de Smith n'en comprend que 127 espèces, l'Agrostologie helvetique de Gaudin 187, et la synopsis de la Flore française 227.

On voit par là combien le célèbre Decandolle s'est trompé lorsqu'il dit, dans la relation de son voyage botanique en Belgique, insérée dans les mémoires de la société d'agriculture de Paris, tome 14, page 218, que la botanique indigène à nos provinces n'offre qu'un intérêt très-borné, et plus loin, page 220 : « La » Belgique et la Flandre ont été décrites, quant à leurs végé» taux indigènes, par Necker, Lestiboudois et Roucel ; leurs » ouvrages quoique en apparence fort incomplets, laissent cepen» dant peu de choses à désirer, *etc.* »

Les descriptions des plantes sont très-bonnes et on y trouve d'excellentes observations sur la culture et les maladies des grains.

Rachis articulato-dentata spicata. Spica simplex locustis distichis planis sursum versus majoribus. Glumæ acuminatæ, æquales, carinatæ, multifloræ, flosculis distichè imbricatis breviores. Calycis palea exterior carinata, subacuta, interior bifida. Corollam videre non mihi contigit.

Obs. A cynosuro, poâ et brizâ, differt rachi articulata ; à beckmanniâ, glyceriâ et catabrosa, spica simplici nec compositâ, vel spiculis tribus in quoque racheos dente ; a schlerochloa glumis æqualibus, acuminatis, multifloris, nec inæqualibus, obtusis paucifloris ; a dineba et tritico, paleis muticis.

1. Demazeria sicula.

Cynosurus siculus. *Jacq. obs.* 2. *p.* 22. *t.* 43.

Poa sicula. *Jacq. ic. rar.* 2. *t.* 303. — *Desf. atl.* 1. *p.* 76. — *Pers. syn.* 1. *p.* 92. — *Beauv. agrost.* 175.

Briza cynosuroïdes. *Scop.*

Briza eragrostis. *β. Lam. dict.* 1. *p.* 464.

Triticum unioloïdes. *Ait. kew.* 1. *p.* 122 ; *ed.*° 2.ª 1. *p.* 182. — *Vahl. symb.* 2. *p.* 26. — *Willd. spec.* 1. *p.* 483.

Triticum brizoïdes. *Lam. dict.* 2. *p.* 561 ; *ill.* 1171.

Annua. Habitat in Siciliæ et Babariæ arvis.

MUSSCHIA.

CAMPANULÆ sp. *Lin. f. Juss. Lam.*

Ce genre portera le nom de Mr J.-H. MUSSCHE, directeur du Jardin Botanique de Gand, et dont il a donné deux catalogues, l'un en 1810, in-8°, l'autre sous le titre d'Hortus Gandavensis en 1817, in-12°; le premier rangé suivant l'ordre alphabétique, renfermait déjà un nombre considérable de plantes rares, mais dans le second, classé suivant le système sexuel, ce nombre est porté à 4108 espèces. Aujourd'hui le Jardin de Gand est encore beaucoup enrichi, et M.r Mussche se propose d'en donner un nouveau catalogue. L'Hortus Gandavensis est doublement intéressant en ce qu'on y trouve l'indication des plantes qui sont propres à la Flandre orientale, c'est tout ce que nous connaissons des travaux de Ch. Van Hoorebeke.

Peu de personnes ont contribué aussi efficacement que Mr Mussche à étendre le goût de la Botanique dans ce pays, et pour faire son éloge en un mot, il suffira de dire que c'est le Thuin de la Belgique.

CAR. DIFF. Calyx quinquepartitus. Corolla basi calycis inserta, quinquepartita. Stamina basi serrato-dilatata inflexa. Stigmata quinque convoluta. Capsula quinquelocularis.

1. MUSSCHIA AUREA.

Caule paniculato, foliis elliptico-lanceolatis.

Campanula aurea. *Lin. f. suppl.* 141. — *Lam. ill.* 2519. — *Pers. syn.* 1. *p.* 192. — *Poir. dict. suppl.* 2. *p.* 59. — *Ait. kew.* 1. *p.* 351. — *Roem. et Sch. syst. veg.* 5. *p.* 109.

β. MUSSCHIA ANGUSTIFOLIA.

Foliis angustioribus.

Perennis. Hab. in Madeira. α In littore, β In interioribus insulæ.

HOCQUARTIA.

ARISTOLOCHIÆ sp. *Lam. Willd.*

Ce genre est offert aux manes de Mr l'abbé HOCQUART, ci-devant principal du collége d'Ath, botaniste très-zélé, auteur de la Flore de Jemmappe. in-12, Mons, 1814. Mr HOCQUART y décrit environ seize cents plantes dont plusieurs sont nouvelles et beaucoup très-rares.

CAR. DIFF. Perigonium basi ventricosum dein incurvum coarctatum limbo trifido plano lobis æqualibus. Antheræ sex biloculares, geminatim pistillo triangulari insertæ. Fructus............

Genus medium aristolochiam inter et azarum.

1. HOCQUARTIA MACROPHYLLA.

Foliis petiolatis cordatis, pedunculis unifloris bracteatis.

Aristolochia macrophylla. *Lam. dict.* 4. *p.* 255.

A. Sipho. *L'Her. stirp. nov. t.* 13. — *Mich. amer.* 2. *p.* 161. — *Willd. spec.* 4. *p.* 155.

Frutex. Habitat in Caroliniâ et Pensylvaniâ.

2. HOCQUARTIA TOMENTOSA.

Foliis cordatis subtùs tomentosis, pedunculis solitariis ebracteatis.

Aristolochia tomentosa. *Sims. cab.* 1369. — *Ait. kew.* 5. *p.* 224. — *Prush. amer.* 2. *p.* 743.

Frutex. Habitat in Carolinâ.

NYLANDTIA.

Polygalæ sp. *Lin. Lam. Pers.*

Pierre Nylandt est, je pense, le premier qui ait entrepris de donner l'histoire des plantes indigènes aux Pays-Bas. Il paraît qu'il avait parcouru les diverses provinces avec succès, puisqu'on trouve dans son Nederlandtse herbarius, plusieurs plantes rares et qui n'ont pas été retrouvées depuis lui. Les descriptions de Nylandt sont très-bonnes pour son tems, et si cet ouvrage n'a pas été plus connu, c'èst sans doute à cause qu'il est écrit en hollandais, car on cite souvent des ouvrages qui lui sont de beaucoup inférieurs; les figures qui accompagnent ces descriptions sont en bois et médiocres. On a de cet auteur plusieurs ouvrages sur la Botanique; savoir :

1° De Nederlandtse herbarius of Kruydt-Boeck, un volume in-4°, Amsterdam, la première édition en 1670, la seconde en 1682; je crois en avoir vu citer d'autres. Nylandt a joint à cet ouvrage les plantes exotiques cultivées le plus communément dans les jardins et les plantes officinales. Je pense que c'est ce même ouvrage que Linnée cite page 129 de sa bibliothèque botanique, sous ce titre : Herbarius Belgicus sive Nederlandsche Hovenier.

2° Herbarium S. Kreyterbuch, Osnabr., 1672, in-4°. (serait-ce le même ouvrage?)

3° Neus medicinalisches Kràuterbuck, un vol. in-4°, Osnabruck, 1678.

Car. diff. Calyculus triphyllus brevis, segmentis sub æqualibus. Calyx diphyllus corollà longior. Corolla monopetala, petalis superioribus alæformibus, inferiori inflato calceoliforme, externè infra apicem fimbriato. Fructus bacca esculenta.

1. Nylandtia spinosa.

Polygala spinosa. *Lin. spec.* 989; *Mant.* 437. — *Poir. dict.* 5. *p.* 493. — *Willd. spec.* 3. *p.* 886. — *Pers. syn.* 2. *p.* 273. — *Ait. kew.* 4. *p.* 244.

Habitat ad promontorium bonæ spei.

STERBEECKIA.

Pezizæ sp. *Lin. Bull.* — Helvellæ sp. *Gled. Bull.* — Craterellæ sp. *Pers. disp.* — Merulii sp. *Pers. syn. Dec.* — Canthareli sp. *Fries.*

François Van Sterbeeck, à la mémoire de qui je dédie ce genre, est le premier qui ait traité spécialement des champignons, et son Theatrum Fungorum est la plus ancienne monographie de famille que nous ayons en botanique. Nous avons de lui deux ouvrages :

1° Theatrum fungorum, un vol. in-4°, Anvers, 1675 ; à la suite duquel on trouve un traité sur quelques plantes vivaces. L'ouvrage entier renferme trente-six planches très-bonnes pour le tems ou vivait Sterbeeck, et qui ont été dessinées et gravées par lui.

2° Citricultura, un vol. in-4°, Anvers, 1682 et 1782.

Pileus coriaceus, infundibuliformis, pervius, cum stipite tubiformi confluens, hymenio venoso vel rugoso reticulato.

1. Sterbeeckia cornucopioïdes.

Rugis obsoletis, inæqualibus, vagis.

Fungoides nigricans majus cornucopiæ formâ. *Vail. bot.* 57. *t.* 13. *f.* 2 *et* 3. — *Mich. gen. p.* 201.

Fungoidaster cæspitosus, supernè fuscus infernè cinereus. *Mich. gen.* 201. *t.* 82. *f.* 5.

Fungoidaster qui fungoides tubæ acusticæ formâ, fuscus, externè cinereus. *Mich.* 201. *t.* 82. *f.* 6.

Peziza cornucopioïdes. *Lin. spec.* 1650. — *Bull. herb. t.* 150.

Helvella cornucopioïdes. *Bull. herb.* 2. *p.* 291. *t.* 498. *f.* 3.

Craterella cornucopioïdes. *Pers. disp. fung.* 71.

Merulius cornucopioïdes. *Pers. syn. fung.* 491. — *Dec. fl. fr.* 346. — *Alb. et Schw. fung. nisk.* 694.

Cantharellus cornucopioïdes. *Fries. sys. myc. p.* 321.

Habitat in sylvis automno.

2. Sterbeeckia hydrilops.

Venis crassis distantibus.

Helvella hydrilops. *Bull. herb.* 2. *p.* 292. *t.* 465. *f.* 2.

Merulius hydrilops. *Dec. fl. fr.* 345 ; *excl. var.* γ.

β. St. cinerea.

Merulius cinereus. *Pers. ic. et Descr.* 10. *t.* 3. *f.* 3 ; *Syn.* 490. — *Alb. et Schw. l. c.* 693.

Cantharellus cinereus. *Fries. syst. myc. p.* 320.

Habitat ad terram in sylvis.

CHAPITRE DEUXIÈME.

Sur les Bases d'un Système symétrique et analytique des Végétaux.

L'étude de la Botanique nécessite deux choses, l'analyse des végétaux et la connaissance de leur symétrie; par l'une on sépare, avec l'autre on rapproche un être de ses semblables. La plupart des botanistes paraissent avoir méconnu cette vérité puisqu'ils n'ont procédé que par l'une ou par l'autre de ces méthodes; ainsi le système de Linnée est une méthode d'analyse, celui de Jussieu en est une de symétrie, mais en revanche le système sexuel n'admet aucune symétrie et le système naturel souffre difficilement l'analyse. Par le mot d'analyse je n'entends pas parler de ces espèces de tables du règne végétal telles qu'on en trouve dans la Flore française de Lamarck et Decandolle, dans le Synopsis plantarum de Batsch, *etc.* Ces tables, tout ingénieuses qu'elles sont, ne conduisent que bien imparfaitement à la connaissance de la botanique, elles n'apprennent rien que le nom des plantes et par cela même qu'on n'est pas obligé de comparer les genres et les espèces, on ne retient aucun caractère générique ou spécifique;

c'est ce que j'ai observé bien des fois chez des personnes formées uniquement à cette école ; je pense donc que l'usage de ces tables doit être fort restreint et qu'en le rendant trop général , on ne forme que des empiriques. Une méthode d'analyse est celle qui exige la comparaison des caractères ; le système sexuel est le modèle le plus parfait en ce genre, cependant ce système que l'on a tant vanté n'est pas plus que les autres à l'abri des anomalies , au contraire , c'est celui qui y est le plus sujet ; on a répété souvent avec emphase que toutes les plantes peuvent y être classées , c'est sans doute à cause qu'une infinité d'espèces peuvent y trouver diverses places ; Linnée ayant tout sacrifié à la considération des étamines et des pistils , a rejeté tout autre moyen d'analyse , en sorte que les plantes dans lesquelles les étamines varient en nombre sont introuvables dans cette méthode ; quoi qu'il en soit, le système sexuel est le plus commode de ceux qui nous sont connus et le sera encore long-tems , peut-être toujours.

Si l'étude de l'analyse est essentielle à la Botanique, celle de la symétrie , l'est encore bien davantage ; c'est vers elle que doivent tendre tous les efforts des botanistes, puisque c'est de la connaissance des affinités que résulte le plus beau point de vue de la science des végétaux. A la vérité , bien des botanistes pensent avoir tout gagné lorsqu'ils ont découvert le nom d'une plante ; mais même pour parvenir à cette connaissance, l'étude de la symétrie est encore essentielle, puisque c'est par elle seule que l'on peut comparer une espèce avec ses affines et ainsi s'assurer de son identité. Voilà ce que beaucoup de botanistes ne veulent pas comprendre ; ayant contracté l'habitude de ne voir dans les plantes que les étamines et les pistils, ils ne conçoivent aucune affinité hors des organes sexuels: en cela, comme en bien d'autres choses, ils ne suivent pas les préceptes de Linnée, qui le premier s'appliqua à la recherche des rapports naturels des plantes. Malheureusement le travail de ce célèbre naturaliste n'étant assujéti à aucune base fixe est d'un vague et d'un arbitraire extrêmes. Adanson est véritablement le premier qui se soit occupé à circonscrire les caractères des familles naturelles et il sera toujours considéré comme le fondateur de la symétrie, mais son ouvrage n'est soumis à aucun système, en sorte que ses familles présentent beaucoup de difficulté dans l'application des caractères. Il était réservé à Mr De Jussieu de présenter le premier une méthode qui, rassemblant par classes les ordres qui avaient le plus d'affinités, procurât des facilités pour la recherche et à l'esprit de points de repos ; aussi sa classification est-elle vraiment symétrique en ce qu'elle tend à rapprocher les êtres qui ont le plus de rapports.

Il faut cependant en convenir, la méthode de Jussieu, malgré sa supériorité marquée sur toutes celles qui l'avaient précédée, n'a pas acquis ce degré de confiance qu'elle méritait : plusieurs raisons ont particulièrement contribué à cette diversité d'opinion. 1° La première division des Acotylédones, Monocotylédones et Dicotylédones est d'une application très-difficile dans bien des cas, trompeuse dans plusieurs autres. Ainsi plusieurs Dicotylédones sont de véritables Acotylédones, tels sont par exemple : le *Cyclamen*, la *Cuscute*, etc. ; d'autres fois au contraire des Monocotylédones ont deux cotylédons, comme le *Cycas* et le *Zamia ;* d'ailleurs les auteurs même les plus célèbres ont souvent vacillé sur ce point, ainsi Jussieu et Richard regardent le *Nymphœa* comme monocotylédone, tandis que Decandolle et Correa le pensent dicotylédone. L'*Aristoloche*, l'*Asarum*, sont monocotylédones pour Gærtner, et dicotylédones pour Jussieu. 2° La distinction qu'établit Mr de Jussieu, de la corolle et du calice, toute savante qu'elle est, n'a pas été envisagée de même par tous les botanistes : plusieurs n'ont pas voulu s'astreindre à voir un calice dans le Lys, le Nyctage, *etc.* Les lois de la marcescence n'ont pas paru plus satisfaisantes. Pour moi je ne puis m'empêcher de voir dans ce que Mr de Jussieu appelle le calice du *Nyctago*, une corolle articulée sur un calice édenté, persistant et enveloppant le fruit. Les Nyctaginées et les Plumbaginées sont considérées comme apétales, tandis que plusieurs campanules et bruyères à corolles marcescentes sont reconnu monopétales. 3° L'insertion des étamines est souvent encore plus équivoque ; elle n'est pas constante dans le même ordre ni même dans le genre le plus naturel ainsi qu'on peut le voir dans notre genre *Libertia ;* il a fallu distinguer cette insertion en médiate et immédiate et cette distinction n'est pas toujours facile, elle est même quelquefois fautive comme dans les nyctaginées, *etc.;* d'ailleurs l'étamine est un organe souvent exigu, ce qui augmente encore la difficulté.

On voit par ce qui précède que le système de Jussieu n'est pas une méthode d'analyse ; pour s'en servir il faut parfaitement connaître le règne végétal et les méthodes ne sont pas faites pour ceux qui ont acquis cette connaissance. Je pense donc qu'une bonne méthode doit être en même-tems symétrique et analytique. Elle doit être analytique parce que l'analyse est essentielle pour parvenir à la connaissance des affinités ; symétrique parce que la symétrie est essentielle pour rectifier l'analyse et comme cette dernière doit se prêter aux affinités, les classes de la méthode doivent être symétriques et les sous-divisions en même-tems symétriques et analytiques, bien entendu que l'analyse doit rectifier les anomalies qu'aucune méthode ne saurait éviter et qu'à cet effet elle doit être étendue à tous les genres. Ce n'est qu'en faisant l'application de ces principes que l'on parviendra à établir, en histoire naturelle, des divisions en même-tems faciles et naturelles et c'est ce que j'ai observé dans la méthode que je propose.

La première question qui se présente à celui qui recherche les bases des divisions primordiales du règne végétal, est de savoir quels sont les organes qui ont le plus de valeur et de constance ; cette question n'est pas facile à résoudre, aussi les plus grands botanistes ont-ils considérablement varié sur ce point. Les anciens paraissaient avoir une grande préférence pour les feuilles, et la division des herbes et des arbres qui leur paraissait si naturelle ne peut souffrir un examen approfondi. Pour ce qui est des organes tirés de la fleur, Rivin et Tournefort ont donné la préférence à la corolle ; Cesalpin, Herman, au péricarpe ; Magnol, au calice ; Linnée et Gleditsch, à l'étamine ; Royen, Jussieu et Gærtner, à l'embryon ; pour moi je pense qu'on doit accorder le premier rang à l'organe mâle, parce que les végétaux étant des êtres qui reproduisent leurs semblables par fécondation, l'organe mâle doit exister dans toutes les plantes. La simplicité de l'organisation constituant la simplicité des êtres, il s'en suit que les organes reproducteurs sont plus simples en raison de la simplicité d'organisation ; il ne faut donc pas chercher dans tous les végétaux des étamines et des pistils, mais bien un organe fécondateur et un organe fécondé qui sont contenus dans des appareils plus ou moins compliqués ; dans les plantes à fleur cet appareil mâle est l'étamine, qui est composée d'une agrégation d'*orchiums* ou grains de pollen souvent renfermés dans un sac qui porte le nom d'anthère et qui est tantôt sessile tantôt stipité. Ces plantes forment ma première classe que je nomme Staminacie. La seconde classe se compose des végétaux dont l'organe mâle est formé d'un nombre plus ou moins considérable d'orchiums, jamais agrégés ni réunis dans une enveloppe particulière, c'est la Pollinacie. Ces orchiums sont très-visibles dans les mousses, les jongermanes, *etc.*, ils deviennent plus obscurs dans les putrescentes où cependant ils sont encore très-apparens dans le *Xylaria*, certaines pezizes, *etc.* Les enveloppes propres au fluide fécondateur sont d'autres fois indistinctes et c'est notre troisième classe, la Fluidacie. Ici le fluide féconde les ovules sans être contenu dans des anthères ni dans des orchiums. Sa présence cependant ne peut être révoquée en doute et les conjugées en sont le témoin irrécusable. A l'époque de la fécondation, on distingue dans les végétaux de cette classe une couleur plus brillante, qui présage l'approche de l'hymen et indique la présence du fluide fécondateur ; en effet peu après les ovules sont fécondés et reproduisent leurs semblables : tel est le mécanisme de l'organisation de ces végétaux.

Cette division primordiale, paraît conforme aux lois de la nature, et l'on y reconnaît ces trois coupes ; les Plantes, les Champignons et les Algues, qui diffèrent totalement les unes des autres, par l'organisation, la florescence et la germination. Les Staminacées sont les Plantes proprement dites, c'est-à-dire, les végétaux munis des pores corticaux, de trachées, de moëlle, de feuilles, de fleurs et d'autres organes très-compliqués ; leurs graines sont munies d'un ou de plusieurs cotylédons. Les Pollinacées sont dépourvues de trachées, de fleurs, et le plus souvent de feuilles, peut être même n'existe-t-il de vraies feuilles dans aucune espèce; plusieurs jouissent de la singulière faculté de pouvoir revivre après avoir été desséchées, alors les fluides se communiquent de proche en proche, et c'est de l'extérieur à l'intérieur; leurs graines sont munies à la germination de filamens byssoïdes. Les Fluidacées sont d'une organisation tellement différente du reste des végétaux, que plusieurs naturalistes n'ont pas cru devoir les y admettre. Presque toutes habitent sous l'eau, ou bien vivent dans les endroits humides ; aucun de ces végétaux n'a de feuilles ni de racine, et le plus souvent ils sont d'un tissu tellement fin, que les plus fortes lentilles ne nous ont encore rien appris de leur organisation. Les uns voguent au gré des ondes, d'autres sont fixés aux rochers, par un petit empatement qui leur tient lieu de racines. Leurs frondes sont planes ou arrondies, continues ou articulées, simples ou rameuses, les graines tantôt solitaires, tantôt agregées dans des capsules qui n'ont aucune ressemblance avec celles des autres végétaux. L'embyon est dépourvu d'appendices, excepté son enveloppe propre.

Il est visible que la division des Acotylédones, Monocotylédones et Dicotylédones est d'un ordre bien inférieur à celle-ci, aussi ai-je cru devoir lui accorder la priorité dans la classification symétrique du règne végétal. Une analogie frappante avec les divisions du règne animal, vient en outre certiorer ces trois classes : ainsi les animaux rayonnés sont aux mollusques, ce que les fluidacées sont aux pollinacées, et les vertébrés occupent la même place que les staminacées. Bien plus, cette dernière classe se divise de part et d'autre, en êtres à squelette couvert et intérieur, et à squelette nu et extérieur ; ou ce qui revient au même, dans la première sous-classe, les animaux sont couverts d'une peau, et les végétaux d'une écorce, dans la seconde, les animaux sont sans peau, et les plantes sans écorce.

La Staminacie se divise donc en deux sous-classes tirées de l'organisation des plantes, savoir : la Corticalie et la Décorticalie. Les Corticales sont pourvues d'écorce, d'un étui médulaire central, elles croissent en même-tems, dans les espèces ligneuses, en hauteur et en épaisseur ; leurs fleurs paraissent dériver du nombre cinq ; leur embryon est le plus souvent muni de deux Cotylédons presque toujours articulés, et l'on observe des articulations dans l'une ou l'autre de leurs parties. Les Décorticales sont dépourvues d'écorce ; la moële est entremêlée parmi des fibres lâches et intérieures ; les espèces ligneuses croissent seulement en hauteur, jamais en épaisseur ; leurs fleurs et leurs fruits paraissent dériver du nombre trois, l'embryon est muni le plus souvent d'un seul Cotylédon qui l'enveloppe et qui est continu avec lui ; les feuilles ne sont jamais articulées sur la tige, ni la tige sur elle-même. Ces deux sous-classes répondent aux Monocotylédones et aux Dicotylédones : j'ai préféré une distinction anatomique, qui est plus facile que celle tirée de l'embryon : si quelques plantes vivaces paraissent se soustraire à cette loi, l'inspection du collet de la racine, ne laisse plus de doute sur la place qu'elles doivent occuper. L'observation de l'écorce et celle des articulations, sert encore à éclaircir quelques points douteux, ainsi parmi les Corticales, ou Articulées, on doit ranger les Pipéritées, les Bégoniacées, *etc.*, tandis que les Nympheacées, les Cycadées, *etc.*, doivent être placées parmi les Décorticales ou Inarticulées.

La Corticalie se partage en trois divisions. D'abord viennent les plantes qui n'ont qu'une seule enveloppe floréale (*Tegmen*) ; cette division comprend les diclines et les apétales de Jussieu, excepté les nyctaginées, les plumbaginées, les plantaginées, les euphorbiacées, les passiflorées, et les cucurbitacées, qui étant munies de plusieurs tégumens, sont répartis dans la troisième division. Je la subdivise en quatre ordres, savoir : 1.° la Julacie ou les Julacées, qui correspond aux Amentacées de Tournefort, mais le nom d'amentacées ayant été donné et adopté pour une famille particulière, je n'ai pas cru devoir le reproduire ici, afin d'éviter un double emploi de mot. 2.° La Thalamitegmie qui comprend les plantes dont l'enveloppe floréale simple est stamifère et insérée sur le réceptacle (*Thalamus*). La deuxième division renferme les plantes à fleurs composées : la majeure partie de ces plantes n'ont pas de calice véritable, mais bien des paillettes qui en tiennent lieu, et qui en persistant, forment une petite aigrette qui couronne le fruit ; le stile est toujours simple, l'ovaire monosperme est le plus souvent infère. Dans le premier des deux ordres que cette division constitue, tous les fleurons sont ligulés, c'est-à-dire, se terminent en languette : dans le second, tous ou au moins ceux du disque sont tubulés. 3.° La Frutitegmie, qui comprend toutes les plantes dont le tégument est inséré sur le pistil ou sur l'ovaire, et dont par conséquent, l'ovaire est infére, l'enveloppe étant tantôt monosépale, tantôt polysépale, mais toujours simple. 4.° Les Nuditegmées dont le tégument est implanté sur le réceptacle, et ne porte pas les étamines.

La Bitegmie, qui est la troisième division de la sous-classe Corticalie, se subdivise en sept ordres, dont les caractères sont tirés, de l'insertion de la corolle, de la soudure et de la séparation des pétales. Ces sept ordres sont : 1.° La Fructungulie dont la fleur étant polypétale, les onglets sont inserés sur le fruit. Le calice n'est jamais articulé sur le fruit, ce qui sert en plusieurs cas à distinguer les plantes de cet ordre de celles de la calicungulie. 2.° La Fructitubie dont la corolle étant monopétale, le tube est inséré sur le fruit. Le calice est persistant comme dans l'ordre précédent. 3.° La Calicitubie qui comprend les plantes dont la corolle est monopétale et inserée sur le calice. 4.° La Calicungulie dont les pétales non soudés sont implantés sur le calice. On trouve dans ces deux ordres, l'ovaire supère et infère, ce qui fournit deux coupes très faciles et très naturelles. On n'observe jamais plus d'anomalies que dans les calicungulées : ainsi plusieurs tithymales sont apétales, mais pourvues d'un disque épanché sur le calice, et qui indique l'avortement de la corolle ; plusieurs légumineuses et quelques crassulées sont monopétales ; certaines onagraires ont les pétales insérés tellement au bas du calice qu'on serait tenté de douter de leur insertion, mais leur calice est articulé, et emporte la corolle, d'ailleurs ces anomalies sont réparées par la partie analytique, dont nous parlerons bientôt. 5.° Le cinquième ordre de la Corticalie Bitegmie est la Thalamitubie, dont le tube de la corolle monopétale est inséré sur le réceptacle ; la majeure partie des végétaux de cet ordre, ont la corolle staminifère et les étamines alternantes, cependant on y observe des plantes à corolles nues et à étamines oppositives. En suivant la route que nous avons tenue jusqu'ici, il ne devrait rester qu'un seul ordre, mais trop considérable pour être présenté en entier, aussi l'ai-je divisé en deux, savoir : 6.° La Thalamisertie, et 7.° la Thalamungulie. Dans le premier de ces deux ordres, les plantes ont les pétales implantés sur le réceptacle, et un germe simple à placentaire central ; presque toutes ont les étamines plus ou moins soudées par les filets et la corolle pseudo-monopétale. Dans le second, les pétales sont adnés au réceptacle, l'ovaire est un fruit composé ou simple à placentaire pariétal, les étamines ne sont jamais soudées par les filets, et la corolle est constamment polypétale. Par cette énumération des ordres de la Corticalie, il est facile de voir que j'ai donné la préséance à l'insertion sur la soudure, préséance avouée par tous les botanistes, mais qu'aucun n'a encore employée.

Notre deuxième sous-classe, la Décorticalie se partage en trois divisions, savoir : la Bitegmie dont les plantes ont deux enveloppes, la Solitegmie dont les plantes n'en ont encore qu'une seule, et l'Insolitegmie ou les plantes à téguments insolites. La Bitegmie se subdivise en trois ordres, savoir : la Thalamiflorie dont les pétales sont insérés sur le réceptacle ; la Fructiflorie dans laquelle ils sont insérés sur le fruit, et le Caliciflorie dont l'enveloppe intérieure, corolle, cupule ou coronule, comme on voudra l'appeller, est adnée au calice. La Solitegmie renferme des plantes dont le tégument est implanté sur le fruit ou sur le réceptacle, ce qui forme deux classes, la Fructaulie et la Thalamaulie. La troisième division ou l'Insolitegmie, est partagée en trois ordres ; dans le premier, les fleurs sont Glumacées, dans le second, elles sont réunies sur un Spadix, dans le troisième, elles sont obscures ou cachées dans une espèce d'enveloppe particulière. J'appelle l'un Glumacie, l'autre Spadicie, le troisième Arcanie. Tels sont les ordres de la Staminacie au nombre de vingt et un.

Comme les familles les plus naturelles, ne sont pas toujours celles dont les caractères sont les plus faciles à saisir, à cause qu'ils sont ordinairement tirés de la graine, il est essentiel de rendre les divisions plus aisées, en appellant l'analyse au secours de la symétrie. C'est dans cette vue que je divise chacun des vingt premiers ordres de la manière suivante.

§. I. Superovariæ. . . . . . . Inferovariæ.

§. II. Unantheræ, diantheræ, triantheræ, quadrantheræ, quinantheræ, sexantheræ, septantheræ, octantheræ, nonantheræ, decantheræ, multantheræ.

§. III. Unistilæ, distilæ, tristilæ, quadristilæ, quinistilæ, multistilæ.

§. IV. Discileæ. . . . . Ediscileæ

§. V. Fructus simplex. . . . . Fr. compositus.

Succulentus. . . Siccus.

Dehiscens.

Indehiscens.

Cette méthode ne conduit pas immédiatement à la connaissance de la famille, mais à celle du genre, et lorsqu'on y est parvenu, on remonte aisément à la place qu'il occupe, et à la famille dont il fait partie. Un autre avantage de ce genre d'analyse, c'est de se prêter aux anomalies, qu'aucun système ne peut éviter; un exemple prouvera ce que j'avance mieux que tous les raisonnemens. Le genre *Cerastium* ayant les pétales insérés sur le réceptacle, et le placenta central, son caractère générique se trouvera dans la Thalamisertie, décanthérie, à fruit simple, sec, dehiscent; le *C. semidecandrum* n'ayant que cinq étamines, le caractère générique sera répété dans la thalamisertie quinantherie; mais j'apperçois une nouvelle espèce (*) privée de corolle et n'ayant que cinq étamines, la phrase caractéristique se trouvera encore placée pour cette seule espèce, dans la nuditegmie quinantherie; par ce moyen, il est facile de remédier aux anomalies des plantes, du moins de celles connues.

La Pollinacie qui est notre seconde classe, renferme deux divisions et quatre ordres. Cette classe fait partie

---

(*) *Cerastium apetalum*, nob. petalis nullis, staminibus quinis. Annua. Habitat in Belgio; floret vere et interdum automno.

de la cryptogamie de Linnée et des acotylédones de Jussieu. La première de ses divisions est la Virescinie, dont les plantes sont de couleur verte, et jouissent de la propriété de pouvoir revivre après avoir été desséchées un certain tems ; les deux ordres de la Virescinie sont l'Urnulinie et la Scutellinie, dans l'un le fruit est une urne, dans l'autre, des scutelles éparses sur les frondes. La seconde division de cette classe est la Putrescinie, qui comprend les *Fungus* des anciens. Ces végétaux sont dépourvus de toute espèce de feuilles et affectent des formes insolites et bizarres ; ils sont tantôt nus, tantôt contenus dans une espèce de bourse (*volva*), qui s'entrouvre et fait place au Champignon ; dans cet état, les graines sont cachées dans l'intérieur, ou bien nues à la surface, ce qui forme deux ordres, la Tectigranie et la Nudigranie.

La troisième et dernière classe, est la Fluidacie, qui se partage en trois divisions tirées de la fructification, savoir : 1° la Fartinie, c'est-à-dire, les fluidacées dont les graines sont parsemées en grand nombre dans l'intérieur des frondes, et ne peuvent en sortir que par leur destruction. Dans cet ordre, on n'observe jamais de coccules, ni de graines extérieures, et la fronde entière paraît n'être qu'un amas de seminules ; dans les espèces dont les frondes sont tubulées, les graines ne sont jamais renfermées dans le tube, mais bien dans l'intérieur de la fronde. 2° La cocculinie dont les seminules sont renfermées dans des Coccules, qui sont aggrégées dans les Uvinées, et solitaires dans les Acinées. 3° La Soligranie qui comprend les espèces dont les graines sont solitaires, extérieures ou intérieures ; cet ordre est composé d'espèces le plus souvent articulées, et quelquefois chaque articulation devient une séminule simple comme dans plusieurs conferves marines, les diatomes, les hydrodycties, *etc.* Deux ordres naturels constituent cette division, le premier renferme les espèces qui sont au centre d'une masse gélatineuse, la Gélatinie, le second celles qui en sont dépourvues, la Granulinie.

Telle est la classification que j'ai cru devoir proposer pour l'étude du règne végétal : plusieurs points nécessitent l'explication des motifs qui m'ont engagé à les admettre. D'abord, j'ai commencé la série des végétaux par les Corticales, parce qu'il est prouvé qu'en histoire naturelle, les êtres les plus composés sont ceux dont l'étude est le plus facile et par conséquent qu'on doit étudier les premiers. L'idée de Lamarck de mettre aux deux extrémités de la série des êtres, ceux qui sont les plus éloignés, est très-séduisante au premier coup d'œil, mais on ne tarde pas à se convaincre que cette classification est impraticable, parce que les plantes ont des affinités dans la forme d'un cône, c'est-à-dire toujours en décroissant à fur et mesure que les êtres se simplifient, et que d'ailleurs il n'est pas prouvé que telle corticale soit plus parfaite que telle autre ou qu'une plante polypétale, par exemple, soit un être plus parfait qu'un chêne, un pin, un *araucaria*, etc. Je l'avoue cependant, cette idée de Lamarck m'avait long-tems séduit, et en commençant la série des êtres par les corticales, j'établissais pour première famille les Légumineuses qui possèdent beaucoup d'organes bien distincts, et je finissais cette sous-classe par les Julacées, qui sont très-voisines des Cycadées, des Equisetacées, des Palmiers, *etc.* Mais je n'ai pas tardé à voir que cette affinité n'est pas aussi forte que celle que je propose ; en effet aucun botaniste n'a été tenté de prendre un pin pour un *zamia*, un *casuarina* pour un *equisetum*, tandis que les anciens ont regardé comme congenères le *nymphæa* et le *papaver*, le *ranunculus* et l'*alisma*, etc., aussi leur affinité réside t-elle en beaucoup de points et puisqu'il fallait choisir je leur ai donné la préférence d'autant plus qu'elles sont répandues sur la surface du globe, tandis qu'il n'en est pas de même du *cycas*, etc.

J'ai accordé la préférence à l'insertion du tégument intérieur, parce que la corolle qui est bel ornement des plantes et qui semble être la partie la plus digne d'attirer tous les regards, est en général un organe très-vaste en sorte qu'il est très-facile d'observer son insertion ; d'ailleurs il n'est plus nécessaire de distinguer cette insertion en médiate et immédiate, ce qui lève bien des difficultés. J'ai considéré comme corolle ce que Jussieu appelle divisions intérieures des euphorbiacées, des nyctaginées, des plantaginées, des plumbaginées et de toutes les décorticales bitegmées, et j'ai considéré l'enveloppe extérieure des mêmes plantes comme calice ; on conviendra en effet qu'il est difficile de faire un même ensemble de deux organes aussi différens que ceux de l'*alisma*, de la sagittaire, *etc.*, d'ailleurs un même organe n'a pas deux évolutions différentes comme dans le *tradescantia* et les orchidées, et l'on n'a jamais admis qu'une partie d'un tégument fut articulée, tandis que l'autre serait persistante comme dans les commelinées, les nyctaginées, *etc.*

J'ai donné assez d'étendue aux divisions des Pollinacées et des Fluidacées, mais je ne pense pas en avoir donné trop. La cryptogamie de Linnée ou ce qui revient au même les acotylédones de Jussieu renferment au moins le tiers des végétaux ; on y observe des classes, des divisions, des ordres, des familles, des races, des genres, des espèces, des variétés comme dans les autres parties du règne végétal, aussi n'est-il pas juste de confondre tous ces êtres en une seule classe et de n'en faire que quatre ou cinq familles.

J'ai donné des terminaisons substantives aux diverses expressions systématiques, en effet il n'est pas conséquent de donner des noms substantifs aux genres et adjectifs aux familles, aux ordres, aux classes, *etc.* Cette reflexion qui m'avait frappée depuis long-tems, je l'ai trouvée reproduite dans quelques mémoires de Rafinesque, insérés dans les annales générales des sciences physiques, j'aurais désiré pouvoir me procurer les ouvrages de cet auteur, mais cela m'a été jusqu'ici impossible.

Il me reste à dire deux mots sur ce que j'ai considéré l'organe mâle comme existant dans toutes les plantes. Necker, le prince des agamistes, regardait toute la cryptogamie de Linnée comme composée d'agames, excepté les champignons qu'il prétendrait provenir de la pourriture des végétaux ; d'autres ont considéré comme agames les champignons et algues seulement ; d'autres enfin ont considéré toutes les plantes comme agamiques ; de ce nombre est Henschel, qui vient de publier un ouvrage très-peu connu en France, mais qui a fait beaucoup de bruit parmi les savans de l'Allemagne ; cet ouvrage est intitulé : Von der Sexualitat der Pflanzen. Breslaw, 1820. in-8°.

Il faut convenir que cette théorie est renversée complètement par les variétés et les hybrides (*) qui ne sont pas rares dans les plantes et en outre par plusieurs faits particuliers. Ainsi tous les esprits sages ne peuvent méconnaître l'organe mâle dans les orchiums des rhizospermes, des mousses, des hépatiques, *etc.*, et les agamistes les mieux déterminés ne peuvent s'empêcher de voir une fécondation dans les conjugées. Je ne pense donc pas qu'on doive réfuter sérieusement la théorie des agames, puisque les agamistes eux-mêmes ne s'entendent pas entr'eux sur les bases de l'agamie; d'ailleurs quand je mettrai en pratique le système que je propose, je démontrerai combien est fondé ce que j'avance.

(*) Mr Stoffels, pharmacien très-instruit à Malines a obtenu dernièrement une renoncule hybride des R. platanifolius et gramineus, cette espèce est figurée page 352, tome 8 des annales générales des sciences physiques, tab. 129; elle offre des caractères singuliers; je la nomme Ranunculus Belgicus, Caule fistuloso ramoso, foliis cuneatis trilobatis, imis linearibus.

CONSPECTUS

FAMILIARUM VEGETABILIUM.

CLASSIS PRIMA.

STAMINACIA.

SUBCLASSIS PRIMA.

CORTICALIA.

STIRPS PRIMA.

SOLITEGMIA.

ORDO PRIMUS.

JULACIA.

1 Taxinia. — *Taxineae.*
Coniferarum gen. Juss. 411. Ex. *Taxus, ephedra.*

2 Conidia. — *Coniferae.*
Coniferarum gen. Juss. 411. Ex. *Pinus, abies.*

3 Amentacia. — *Amentaceae.*
Rich. analys. 33. Ex. *Salix, populus.*

4 Cupulinia. — *Cupuliferae.*
Rich. analys. 33. Ex. *Quercus, juglans.*

5 Piperitia. — *Piperiteae.*
Humb. et Bonpl. nov. gen. Ex. *Piper.*

ORDO SECUNDUS.

THALAMITEGMIA. (*)

6 Urticia.	*Urticeae.*
Urticarum gen. Juss. 400.	Ex. *Urtica, cannabis.*
7 Monimea.	*Monimiae.*
Juss. ann. mus. 14. p. 132.	Ex. *Monimia.*
8 Buxacia.	*Buxaceae.*
Lois. man. 2. p. 496. excl. gen.	Ex. *Buxus.*
9 Sanguisorbia.	*Sanguisorbeae.*
Rich. anal. 34.	Ex. *Poterium.*
10 Ulmacia.	*Ulmaceae.*
Lois. man. 2. p. 494.	Ex. *Ulmus, celtis.*
11 Thymelæa.	*Thymelæae.*
Juss. gen. 76.	Ex. *Daphne.*
12 Proteacia.	*Proteaceae.*
Juss. gen. 78.	Ex. *Protea, persoonia.*
13 Myristicea.	*Myristiceae.*
Brown. prod. 399.	Ex. *Myristica.*
14 Laurinia.	*Laurineae.*
Juss. gen. 80.	Ex. *Laurus.*
15 Atriplicia.	*Atripliceae.*
Juss. gen. 83.	Ex. *Atriplex, chenopodium.*
16 Polygonia.	*Polygoneae.*
Adans. fam. 39.	Ex. *Polygonum, rumex.*

ORDO TERTIUS.

FRUCTITEGMIA.

17 Begonidia.	*Begonidiae.*
Bonpl. ex Dec.	Ex. *Begonia.*

(*) Ne conviendrait-il pas mieux de classer ainsi les familles des Solitegmées : Taxinia, Conidia, Amentacia, Cupulinia, Piperitia, Begonidia, Asarinia, Osyridia, Eleagnia, Scleranthinia, Amaranthacia, Polygonia, Atriplicia, Urticia, Monimea, Buxacia, Sanguisorbia, Ulmacia, Laurinia, Myristicea, Thymelea, Proteacia, Globulinia, *etc.*

18 Asarinia. — *Aristolochiae.*
Juss. gen. 74. — Ex. *Asarum, aristolochia.*

19 Osyridia. — *Osyrideae.*
Juss. — Ex. *Osyris.*

20 Mirobolania. — *Mirobolaneae.*
Jaume. fam. 1. p. 178. — Ex. *Bucida, terminalia.*

21 Elæagnia. — *Elæagneae.*
Elæagnorum gen. Adans. fam. 12. — Ex. *Elæagnus.*

22 Scleranthinia. — *Scleranthineae.*
Aug. St Hil. placent. lib. — Ex. *Scleranthus.*

ORDO QUARTUS.

NUDITEGMIA.

23 Amaranthacia. — *Amaranthaceae.*
Juss. gen. 87. — Ex. *Amaranthus.*

STIRPS SECUNDA.

FLOSCULACIA.

ORDO QUINTUS.

LIGULACIA.

24 Globulacia. — *Globulaceae.*
Lam. hist. veg. 2. p. 308. — Ex. *Globularia.*

25 Chicoracia. — *Chicoraceae.*
Juss. gen. 168. — Ex. *Chicorium, leontodon.*

26 Biligularia. — *Biligulares.*
Labiatifloræ. Dec. mem. bot. p. 10. — Ex. *Mutisia, clarionea.*

ORDO SEXTUS.

TUBULACIA.

27 Asteria. — *Astereae.*
Cass. dict. sc. nat. — Ex. *Aster, senecio.*

28 Helianthia.	*Heliantheae.*
Dec. mem. bot. p. 12.	Ex. *Bidens.*
29 Carduacia.	*Carduaceae.*
Juss. gen. 177.	Ex. *Carduus , centaurea.*
30 Echinopsidia.	*Echinopsideae.*
Adans. fam. 2. p. 113.	Ex. *Echinops.*
31 Calyceria.	*Calycereae.*
R. Brown ex Rich. mem.	Ex. *Calycera.*
32 Dipsacia.	*Dipsaceae.*
Adans. fam. 20 excl. gen.	Ex. *Dipsacus , scabiosa.*

STIRPS TERTIA.

BITEGMIA.

ORDO SEPTIMUS.

FRUCTUNGULIA.

33 Eryngirnia.	*Eryngineae.*
	Ex. *Eryngium.*
34 Umbellatia.	*Umbellateae.*
J. Bauh. hist.	Ex. *Selinum.*
35 Araliacia.	*Araliaceae.*
Juss. gen. 217.	Ex. *Aralia , panax.*
36 Hederacia.	*Hederaceae.*
Raf. ann. gen. 6 p. 77.	Ex. *Hedera.*

ORDO OCTAVUS.

FRUCTITUBIA.

37 Loranthia.	*Lorantheae.*
Rich. et Juss. ann. mus. 12. p. 292.	Ex. *Loranthus.*
38 Viburnacia.	*Viburnaceae.*
Caprifoliacearum. § 3. Vent. tabl. 2. p. 603.	Ex. *Viburnum.*

39 Caprifolia. — *Caprifoliae.*
Juss. gen. 211. § 1. — Ex. *Lonicera*, *xylosteon.*

40 Cephalanthidia. — *Cephalanthidiae.*
Rubiacearum. § 8, 9 et 10. Juss. gen. 205. — Ex. *Cephalanthus.*

41 Hediotidia. — *Hediotideae.*
Rubiacearum. § 3, 4 et 5. Juss. — Ex. *Hediotis*, *oldenlandia.*

42 Rubiacia. — *Rubiaceae.*
Juss. gen. 195. § 1, 2, 6 et 7. — Ex. *Rubia*, *galinm.*

43 Operculinia. — *Operculinae.*
Juss. ann. mus. 4. p. 418. — Ex. *Opercularia.*

44 Valeriania. — *Valerianeae.*
Batsch. tab. 227. — Ex. *Valeriana*, *fedia.*

ORDO NONUS.

CALICITUBIA.

45 Nyctaginia. — *Nyctagineae.*
Adans. fam. 36; Juss. gen. 90. — Ex. *Nyctago*, *boerhavia.*

46 Jasionidia. — *Jasionidiae.*
Raf. l. c. p. 77. — Ex. *Jasione.*

47 Chisanthia. — *Chisantheae.*
Lobeliaceæ et Goodeniæ, Juss. — Ex. *Lobelia*, *goodenia.*

48 Campanulacia. — *Campanulaceae.*
Adans. fam. 17. excl. gen. — Ex. *Campanula.*

49 Gessneridia. — *Gessneridiae.*
Rich. et Juss. ann. mus. 5. p. 428. — Ex. *Gessneria.*

50 Vaccinidia. — *Vaccinidiae.*
Batsch. tab. p. 219. — Ex. *Vaccinium.*

51 Ericinia. — *Ericineae.*
Desv. journ. 4. p. 28. — Ex. *Erica*, *rhododendrum.*

52 Ebenacia. — *Ebenaceae.*
Juss. gen. 155. — Ex. *Dyospyros.*

53 Cucurbitacia.	*Cucurbitaceae.*
Adans. gen. 18.	Ex. *Cucumis, bryonia.*
54 Passiflorea.	*Passifloreae.*
Juss. ann. mus. 6 p. 102.	Ex. *Passiflora.*

ORDO DECIMUS.

CALICUNGULIA.

55 Calycratia.	*Calycrateae.*
	Ex. *Tropæolum.*
56 Tithymalia.	*Tithymaleae.*
Adans. fam. 45.	Ex. *Euphorbia, jatropha.*
57 Nopalia.	*Nopaleae.*
Jaume. — Vent. tabl. 3. p. 289.	Ex. *Cactus, cereus, opuntia.*
58 Grossularia.	*Grossulariae.*
Lam. et Dec. fl. fr. 4 p. 405.	Ex. *Ribes.*
59 Crassulacia.	*Crassulaceae.*
Adans. fam. 33. — Juss. gen. 307.	Ex. *Crassula, sedum.*
60 Cunoniacea.	*Cunoniaceae.*
R. Br. gen. rem.	Ex. *Cunonia.*
61 Dicerocarpia.	*Dicerocarpeae.*
Saxifragæ Juss. gen. 308. excl. gen.	Ex. *Saxifraga, hydatica.*
62 Portulacia.	*Portulaceae.*
Juss. gen. 312.	Ex. *Portulaca.*
63 Ficoidia.	*Ficoidae.*
Juss. gen. 315.	Ex. *Mesembryanthemum.*
64 Cercodinia.	*Cercodineae.*
Juss.	Ex. *Cercodea.*
65 Loasea.	*Loaseae.*
Juss. ann. mus. 5. p. 21.	Ex. *Loasa, mentzelia.*
66 Jussidia.	*Jussidiae.*
Onagrarum, gen. Adans. fam. 13.	Ex. *Œnothera, Jussiæa.*

67 Fuchsidia.	*Fuchsidiae.*
	Ex. *Fuchsia.*
68 Myrtinea.	*Myrtineae.*
Adans. fam. 14.	Ex. *Myrtus, punica.*
69 Rhexidia.	*Rhexideae.*
Juss. gen. 328.	Ex. *Rhexia, melastoma.*
70 Tamariscinia.	*Tamariscineae.*
Desv. journ. bot.	Ex. *Tamarix.*
71 Lythraria.	*Lythrariae.*
Juss. gen. 330.	Ex. *Lythrum.*
72 Agrimonidia.	*Agrimonidiae.*
	Ex. *Agrimonia.*
73 Drupacia.	*Drupaceae.*
Lin. ord. 38.	Ex. *Prunus, amygdalus.*
74 Pomacia.	*Pomaceae.*
Rich. analys. 33.	Ex. *Pyrus, sorbus.*
75 Rosacia.	*Rosaceae.*
Lois. man. 1. p. 191.	Ex. *Rosa, potentilla.*
76 Spiræacea.	*Spiræaceae.*
Lois. man. 1. p. 188.	Ex. *Spiræa.*
77 Leguminia.	*Leguminosae.*
Adans. fam. 43.	Ex. *Vicia, trifolium.*
78 Terebintacia.	*Terebintaceae.*
Juss. gen. 368. excl. gen.	Ex. *Rhus, pistacia.*
79 Zanthoxylia.	*Zanthoxyleae.*
Dec. theor. ed.° 1. p. 215.	Ex. *Zanthoxylon.*
80 Frangulacia.	*Frangulaceae.*
Dec. fl. fr.; Juss. gen. 376.	Ex. *Rhamnus.*

ORDO UNDICIMUS.

THALAMITUBIA.

81 Ilicia.	*Iliceae.*
	Ex. *Ilex.*
82 Ophiospermia.	*Ophiospermeae.*
Vent. jard. cels. 386.	Ex. *Ardisia, Myrsine.*

83 Hilospermia.	*Hilospermae.*
Juss. gen. 151.	Ex. *Jacquinia, achras.*
84 Jasminia.	*Jasmineae.*
Juss. gen. 104.	Ex. *Lilac, jasminium.*
85 Colubrinia.	*Colubrineae.*
Batsch. tab. aff. p. 203.	Ex. *Strychos, Theophrasta.*
86 Apocinia.	*Apocineae.*
Adans. fam. 23.	Ex. *Asclepias, stapelia.*
87 Gentianidia.	*Gentianidieae.*
Juss. gen. 141.	Ex. *Gentiana, swertzia.*
88 Bignonidia.	*Bignonidiae.*
Juss. gen. 137. excl. gen.	Ex. *Bignonia.*
89 Polemonacia.	*Polemonaceae.*
Juss. gen. 136.	Ex. *Polemonium.*
90 Convolvulia.	*Convolvuleae.*
Juss. gen. 132.	Ex. *Convolvulus, ipomœa.*
91 Solania.	*Solaneae.*
Adans. fam. 28.	Ex. *Solanum, lycium.*
92 Verbascinia.	*Verbascineae.*
	Ex. *Verbascum, celsia.*
93 Rhinanthidia.	*Rhinanthideae.*
Scrophulariæ Brown. prod. nov. holl.	Ex. *Antirhinum, veronica.*
94 Polygalea.	*Polygaleae.*
Juss. ann. mus. 6. p. 102.	Ex. *Polygala, nylandtia.*
95 Acanthinia.	*Acanthineae.*
Juss. gen. 103.	Ex. *Acanthus, ruellia.*
96 Orobanchia.	*Orobancheae.*
Vent. tab. 2. p. 292.	Ex. *Orobanche, kopsia.*
97 Myoporinea.	*Myoporineae.*
R. Brown. prod. nov. holl. 514.	Ex. *Myoporum.*
98 Pyrenacia.	*Pyrenaceae.*
Vent. — Juss. gen. 106.	Ex. *Vitex, verbena.*

99 BORAGINIA.	*BORAGINEAE.*
Adans. fam. 24.	Ex. *Echium*, *Symphytum*.
100 LABIATIA.	*LABIATAE.*
Adans. fam. 25.	Ex. *Salvia*, *lamium*.
101 LENTIBULARIA.	*LENTIBULARIAE.*
Rich. analys. 85.	Ex. *Utricularia*, *pinguicula*.
102 MONTIARIA.	*MONTIARIAE.*
	Ex. *Montia*.
103 PRIMULACIA.	*PRIMULACEAE.*
Adans. fam. 30.	Ex. *Anagallis*, *hottonia*.
104 PLANTAGINIA.	*PLANTAGINEAE.*
Juss. gen. 89.	Ex. *Plantago*, *littorella*.
105 PLUMBAGINIA.	*PLUMBAGINEAE.*
Juss. gen. 92. excl. Statice.	Ex. *Plumbago*.

ORDO DUODECIMUS.

THALAMISERTIA.

106 ARMERIACIA.	*ARMERIACEAE.*
	Ex. *Statice*, *limonium*.
107 PARONICHIA.	*PARONICHIEAE.*
Aug. St Hilaire. mem. placent. lib.	Ex. *Paronichia*.
108 STELLINIA.	*STELLINEAE.*
Adans. fam. 34.	Ex. *Dianthus*, *stellaria*.
109 LINACIA.	*LINACEAE.*
Dec. theor. elem. ed.° 1. p. 214.	Ex. *Linum*, *Reinwardtia*.
110 OXALIDIA.	*OXALIDEAE.*
Rich. in Rich. f. élem.	Ex. *Oxalis*.
111 IMPATINIA.	*IMPATINEAE.*
	Ex. *Balsamina*.
112 GERANIDIA.	*GERANIDIAE.*
Juss. gen. 268. excl. gen. aff.	Ex. *Geranium*, *erodium*.

113 SARMENTACIA.	*SARMENTACEAE.*
Vent. — Juss. gen. 267.	Ex. *Vitus , cissus.*
114 MELIACIA.	*MELIACEAE.*
Juss. gen. 263.	Ex. *Melia.*
115 CEDRELEA.	*CEDRELEAE.*
R. Brown. gen. rem.	Ex. *Swietenia , cedrela.*
116 CAMELLIDIA.	*CAMELLIDIAE.*
Dec. theor. ed.° 1.ª p. 214.	Ex. *Camellia , thea.*
117 TERNSTROMEA.	*TERNSTROMEAE.*
Mirb. bult. soc. philomat.	Ex. *Ternstromia.*
118 HESPERIDIA.	*HESPERIDEAE.*
Vent. — Correa. ann. mus. 6. p. 376.	Ex. *Citrus.*
119 ELÆOCARPIA.	*ELÆOCARPEAE.*
Juss. ann. mus. 11. p. 233.	Ex. *Elæocarpus.*
120 GUTTINIA.	*GUTTINEAE.*
Juss. gen. 255.	Ex. *Clusia , rhecdia.*
121 HYPERICINIA.	*HYPERICINEAE.*
Juss. gen. 254.	Ex. *Hypericum , androsæmum.*
122 MALPICHIDIA.	*MALPIGHIDIAE.*
Et Acerarum gen. Juss.	Ex. *Malpighia , acer.*
123 SAPINDACIA.	*SAPINDACEAE.*
Et Acerarum. gen. Juss.	Ex. *Sapindus , æsculus.*
124 BYTTNERIDIA.	*BYTTNERIDIEAE.*
Rob. Brown. gen. rem.	Ex. *Byttneria.*
125 CHLENACIA.	*CHLANACEAE.*
Aub. Petitth. gen. Madag.	Ex. *Leptolæna.*
126 MALVACIA.	*MALVACEAE.*
Adans. fam. 50.	Ex. *Malva , althæa.*
127 TILIACEA.	*TILIACEAE.*
Juss. gen. 289 , excl. gen.	Ex. *Tilia.*
128 HERMANNIDIA.	*HERMANNIDIEAE.*
Juss.	Ex. *Hermannia.*
129 DIOSMEA.	*DIOSMEAE.*
Juss.	Ex. *Diosma.*

130 TRIBULINIA. Rutacearum. gen. Juss.	*TRIBULINEAE.* Ex. *Tribulus.*
131 RUTACIA. Rutacearum. gen. Juss.	*RUTACEAE.* Ex. *Ruta.*

ORDO DECIMUS TERTIUS.

THALAMUNGULIA.

132 SIMARUBEA. Rich. analys. p. 21.	*SIMARUBEAE.* Ex. *Quassia , simaruba.*
133 OCHNACIA. Dec. mem. p. 13.	*OCHNACEAE.* Ex. *Ochna , gomphia.*
134 BERBERIDIA. Juss. gen. 286.	*BERBERIDEAE.* Ex. *Berberis , epimedium.*
135 MENISPERMIA. Juss. gen. 284.	*MENISPERMEAE.* Ex. *Menispermum.*
136 ANONACIA. Juss. gen. 283.	*ANONACEAE.* Ex. *Anona , unona.*
137 MAGNOLIACIA. Dec. syst. I. p. 439.	*MAGNOLIACEAE.* Ex. *Magnolia , liriodendron.*
138 DILLENIACEA. Dec. syst. I. p. 395.	*DILLENIACEAE.* Ex. *Hibbertia.*
139 RANUNCULACIA. Juss. gen. 231. excl. gen.	*RANUNCULACEAE.* Ex. *Delphinium , Anemone.*
140 PÆONIDIA.	*PÆONIDIAE.* Ex. *Actæa , podophyllum.*
141 CISTINIA. Lam. hist. nat. 2 p. 330.	*CISTINEAE.* Ex. *Cistus , helianthemum.*
142 VIOLACIA. Vent. Malm. 27.	*VIOLACEAE.* Ex. *Viola.*
143 DROSERACIA. Batsch. tab. aff. p. 31.	*DROSERACEAE.* Ex. *Drosera , dionæa.*

144 Resedacia. — *Resedaceae.*
Dec. Theor. elem. ed.° 1. p. 214. — Ex. *Reseda, astrocarpa* (*).

145 Capparidia. — *Cappárideae.*
Juss. gen. 237. excl. gen. — Ex. *Cleome, capparis.*

146 Cruciferia. — *Crucífereae.*
Adans. fam. 52. — Ex. *Cheiranthus, brassica.*

147 Fumariacea. — *Fumariaceae.*
Dec. syst. 2. p. 105. — Ex. *Fumaria, corydalis.*

148 Papaveracia. — *Papaveraceae.*
Dec. syst. 2. p. 67. — Ex. *Chelidonium, papaver.*

SUBCLASSIS SECUNDA.

DECORTICALIA.

STIRPS QUARTA.

BITEGMIA.

ORDO QUARTUS DECIMUS.

TALAMIFLORIA.

149 Nymphæacia. — *Nymphæaceae.*
Salisb. ex Dec. syst. 2. p. 39. — Ex. *Nymphœa, nuphar.*

150 Hydropeltidia. — *Hydropeltideae.*
Podophyllearum trib. 2. Dec. syst. 2. p. 36. — Ex. *Cabomba.*

151 Melanoja. — *Melanojae.*
Batsch. tab. aff. p. 135. — Ex. *Paris, trillium.*

152 Alismacia. — *Alismaceae.*
Vent. tab. 2. p. 157. — Ex. *Sagittaria.*

(*) J'ai changé la terminaison de l'Astrocarpus de Necker à cause de sa trop grande ressemblance avec l'Artocarpus Lin. Ce genre que Tournefort avait appelé Sesamoïdes est très-distinct des Reseda, il comprend les espèces suivantes : A. Sesamoïdes, A. Purpurascens, A. Allionii, tab. 88, f. 3, et peut-être A. Canescens.

153 EPHEMERIA. — *EPHEMEREAE.*
Batsch. tab. aff. 125. — Ex. *Commelina.*

154 PALMIA. — *PALMEAE.*
Adans. fam. 6. — Ex. *Cocos*, *chamærops.*

ORDO QUINTUS DECIMUS.

FRUCTIFLORA.

155 MUSACIA. — *MUSACEAE.*
Juss. gen. 61. — Ex. *Musa*, *strelitzia.*

156 DRYMYRHIZIA. — *DRYMYRHIZEAE.*
Juss. gen. 62. — Ex. *Canna*, *costus.*

157 ORCHIDIA. — *ORCHIDEAE.*
Lin. ord. 4. — Ex. *Orchis*, *cypripedium.*

158 HYDROCHARIDIA. — *HYDROCHARIDEAE.*
Dec. fl. fr. 3. p. 265. — Ex. *Stratiotes.*

ORDO DECIMUS SEXTUS.

CALICIFLORIA.

159 BROMELIDIA. — *BROMELIDEAE.*
Ex. *Bromelia.*

160 IRIDIA. — *IRIDEAE.*
Iridearum gen. Juss. 57. — Ex. *Iris.*

161 NARCISSIA. — *NARCISSEAE.*
Batsch. tab. aff. p. 148. — Ex. *Narcissus*, *pancratium* (*).

STIRPS QUINTA.

UNITEGMIA.

ORDO SEPTIMUS DECIMUS.

FRUCTAULIA.

162 AMARYLLIDIA. — *AMARYLLIDEAE.*
Brown. prod. 296. — Ex. *Amaryllis.*

(*) Le Pancratium amboinense qui diffère par sa fleur, par son fruit à loges dispermes, et par tout son port, doit former un genre particulier; Cearia amboinensis.

163 Leucoidia.	*Leucoideae.*
Batsch. tab. p. 147.	Ex. *Leucoium.*
164 Gladiolia.	*Gladioleae.*
Iridearum. gen. Juss. 57.	Ex. *Gladiolus, ixia.*
165 Dioscorinia.	*Dioscorineae.*
Brown. prod. 294.	Ex. *Dioscorea, tamnus.*

ORDO OCTAVUS DECIMUS.

THALAMAULIA.

166 Smilacia.	*Smilaceae.*
Brown. prod. 292.	Ex. *Smilax, ruscus.*
167 Asparaginia.	*Asparagineae.*
Asparaginearum. gen. Juss.	Ex. *Asparagus.*
168 Hemerocallidia.	*Hemerocallideae.*
Brown. prod. 295. excl. gen.	Ex. *Crinum, libertia.*
169 Liliacea.	*Liliaceae.*
Vent. tabl. 2. p. 161. excl. gen.	Ex. *Lilium.*
170 Colchicacia.	*Colchicaceae.*
Batsch. tab. aff. p. 145.	Ex. *Merendera.*
171 Melanthidia.	*Melanthideae.*
Batsch. tab. aff. p. 133.	Ex. *Veratrum.*
172 Juncacia.	*Juncaceae.*
Dec. fl. fr. 3. p. 155.	Ex. *Juncus, luzula.*
173 Restiacia.	*Restiaceae.*
	Ex. *Restio.*

STIRPS SEXTA.

INSOLIGMIA.

ORDO NONUS DECIMUS.

CLUMACIA.

174 Cyperacia.	*Cyperaceae.*
Juss. gen. 26.	Ex. *Carex, schœnus.*
175 Graminia.	*Gramineae.*
Lin. ord. 14.	Ex. *Poa, triticum.*

ORDO VIGESIMUS.

SPADICIA.

176 TYPHACIA.	*TYPHACEAE.*
Juss. gen. p. 25.	Ex. *Typha*, *sparganium*.
177 AROIDIA.	*AROIDEAE.*
Juss. gen. 23.	Ex. *Arum*, *calla*.
178 NAIADIA.	*NAIADEAE.*
Vent. tab. 2. p. 80.	Ex. *Potamogeton*.
179 PANDANIA.	*PANDANEAE.*
Brown. prod. 340.	Ex. *Pandanus*.
180 CYCADEA.	*CYCADEAE.*
Pers. syn. 2. p. 630.	Ex. *Cycas*, *zamia*.

ORDO UNUS VIGESIMUS.

ARCANIA.

181 EQUISETACIA.	*EQUISETACEAE.*
Batsch. tabl. aff. p. 260.	Ex. *Equisetum*.
182 LENTICULACIA.	*LENTICULACEAE.*
	Ex. *Lemna*.
183 RHIZOSPERMIA.	*RHIZOSPERMEAE.*
Batsch. tabl. aff. p. 261.	Ex. *Marsilea*, *pilularia*.
184 FILICIA.	*FILICEAE.*
Adans. fam. 5. excl. gen.	Ex. *Pteris*.
185 OPHIOGLOSSIA.	*OPHIOGLOSSEAE.*
	Ex. *Ophioglossum*.
186 LYCOPODINIA.	*LYCOPODINEAE.*
Beauv. ætheog. p. 95.	Ex. *Lycopodium*.

CLASSIS SECUNDA.

POLLINACIA.

STIRPS SEPTIMA.

VIRESNIA.

ORDO SECUNDUS VIGESIMUS.

URNULINIA.

187 Muscia. — *Musceae.* Ex. *Bryum, neckera.*

188 Schisthecia. — *Schistheceae.* Ex. *Andrœa.*

189 Sphagnia. — *Sphagneae.* Ex. *Sphagnum.*

190 Jungermanidia. — *Jungermanideae.* Ex. *Lejeunia.*

191 Cephalothecia. — *Cephalotheceae.* Ex. *Marchantia.*

192 Carpoceria. — *Carpocereae.* Ex. *Carpoceros.*

193 Fissulinia. — *Fissulineae.* Ex. *Targionia.*

ORDO TERTIUS VIGESIMUS.

SCUTELLINIA.

194 Phialicarpia. — *Phialicarpeae.* Ex. *Riccia.*

195 Globigeria. — *Globigereae.* Ex. *Endocarpon.*

196 Peltigeria. — *Peltigereae.* Ex. *Parmelia.*

197 Lepraria. — *Leprariae.* Ex. *Lepra.*

198 Graphinia. — *Graphineae.* Ex. *Opegrapha.*

STIRPS OCTAVA.

PUTRESCINIA.

ORDO QUARTUS VIGESIMUS.

TECTIGRANIA.

199 Sphæria. — *Sphærieae.* Ex. *Xylosphæra.*

200 Sclerotacia. — *Sclerotaceae.* Ex. *Tubercularia.*

201 Tuberacia. — *Tuberaceae.* Ex. *Tuber.*

202 Geoperdinia. — *Geoperdineae.* Ex. *Lycoperdon.*

203 Intestinia. — *Intestineae.* Ex. *Æcidium, vredo.*

204 Trichosporia. — *Trichosporeae.* Ex. *Stemionitis.*

205 Spumidia. — *Spumideae.* Ex. *Strongylium.*

206 Dichentictia. — *Dichenticteae.* Ex. *Licea.*

207 Mucoria. — *Mucoreae.* Ex. *Mucor.*

208 Carpobolia. — *Carpoboleae.* Ex. *Sphærobolus.*

ORDO QUINTUS VIGESIMUS.

NUDIGRANIA.

209 Nidularia. — *Nidulariae.* Ex. *Cyathus.*

210 LATICIA.	*LATICEAE.* Ex. *Clathrus.*
211 MITRACIA.	*MITRACEAE.* Ex. *Helvella.*
212 CLAVELLARIA.	*CLAVELLARIAE.* Ex. *Geoglossum.*
213 PAPILLARIA.	*PAPILLARIAE.* Ex. *Thelephora.*
214 HYMENACIA.	*HYMENACEAE.* Ex. *Agaricus.*
215 ACETABULIA.	*ACETABULEAE.* Ex. *Peziza.*
216 TREMELLIMIA.	*TREMELLINEAE.* Ex. *Tremella.*
217 CEPHALOSPORIA.	*CEPHALOSPOREAE.* Ex. *Stilbum.*

CLASSIS TERTIA.

FLUIDACIA.

STIRPS NONA.

SOLIGRANIA.

ORDO SEXTUS-VEGESIMUS.

GRANULINIA.

§ I. MUCEDINIA.

218 GONOCLADIA.	*GONOCLADEAE.* Ex. *Botrytis.*
219 GONOSPORIA.	*GONOSPOREAE.* Ex. *Dactylium.*
220 TRICHOCLADIA.	*TRICHOCLADEAE.* Ex. *Chloridium.*

221 Monilacia. — *Moniclaceae.* Ex. *Monilia.*

222 Byssinia. — *Byssineae.* Ex. *Byssus.*

§ II. Granulinia.

223 Confervacia. — *Confervaceae.* Ex. *Conferva.*

224 Diatomea. Lyngb. hydr. dan. p. 177. — *Diatomeae.* Ex. *Diatoma.*

225 Hydrodictynia. — *Hydrodictyneae.* Ex. *Hydrodictyon.*

226 Conjugatia. — *Conjugateae.* Ex. *Zygnema.*

227 Vaucheriacea. — *Vaucheriaceae.* Ex. *Ectosperma.*

ORDO SEPTIMUS-VEGESIMUS.

GELATINIA.

228 Glojotrichea. — *Glojotricheae.* Ex. *Chætophora.*

229 Glojothamnia. — *Glojothamneae.* Ex. *Batrachospernum.*

STIRPS DECIMA.

COCCULINIA.

ORDO OCTAVUS VIGESIMUS.

ACINIA.

230 Characia. Rich. ex Mérat nouv. fl. 1. p. 255. — *Characeae.* Ex. *Chara.*

231 Ceraminia. — *Cerramineae.* Ex. *Ceramium.*

232 Sphærococcia. — *Sphærococceae.* Ex. *Sphærococcus.*

233 Schalidea. — *Schalideae.* Ex. *Claudea.*

ORDO NONUS VIGESIMUS.

UVINIA.

234 Fucacia. Fucacearum gen. Lam. thalass. p. 8. — *Fucaceae.* Ex. *Fucus.*

235 Dictyotea. Lam. thalass. p. 52. — *Dictyoteae.* Ex. *Dictyota.*

STIRPS UNDECIMA.

ORDO TRIGESIMUS.

FARTINIA.

236 Laminidia. — *Laminidiae.* Ex. *Laminaria.*

237 Chordacia. — *Chordaceae.* Ex. *Chorda.*

238 Ulvacia. Lam. thalass. p. 59. — *Ulvaceae.* Ex. *Ulva.*

CLAVIS SYSTEMATIS.

Classes.	*Subclasses.*	*Stirpes.*	*Ordines.*
STAMINACIA	CORTICALIA	SOLITEGMIA	1 JULACIA.
			2 THALAMITEGMIA.
			3 FRUCTITEGMIA.
			4 NUDITEGMIA.
		FLOSCULACIA	5 LIGULACIA.
			6 TUBULACIA.
		BITEGMIA	7 FRUCTUNGULIA.
			8 FRUCTITUBIA.
			9 CALICITUBIA.
			10 CALICUNGULIA.
			11 THALAMITUBIA.
			12 THALAMISERTIA.
			13 THALAMUNGULIA.
	DECORTICALIA	BITEGMIA	14 THALAMIFLORIA.
			15 FRUCTIFLORIA.
			16 CALICIFLORIA.
		UNITEGMIA	17 FRUCTAULIA.
			18 THALAMAULIA.
		INSOLITEGMIA	19 GLUMACIA.
			20 SPADICIA.
			21 ARCANIA.
POLLINACIA		VIRESCINIA	22 URNULINIA.
			23 SCUTELLINIA.
		PUTRESCINIA	24 TECTIGRANIA.
			25 NUDIGRANIA.
FLUIDACIA		SOLIGRANIA	26 GRANULINIA.
			27 GELATINIA.
		COCCULINIA	28 ACINIA.
			29 UVINIA.
		FARTINIA	30 FARTINIA.

CHAPITRE TROISIÈME.

Circonspection des familles de la Pollinacie.

Les végétaux cryptogames renferment des êtres tellement disparates, qu'il est étonnant qu'on n'ait pas cherché plutôt à reconnaître les familles qui les composent. Dans l'état actuel de la connaissance des affinités, on voit avec peine une jongermanne près d'un *marchantia*, un *lichen* près d'un *fucus*, un *agaric* près d'un *byssus*, etc., et c'est cependant ce que l'on trouve dans la majeure partie des ouvrages modernes.

Rai et après lui Linnée divisa la cryptogamie en quatre ordres, savoir; les *fougères*, les *mousses*, les *algues* et les *champignons*. Peu après Adanson établit la famille des *hépatiques*, qu'il créa aux dépens des algues, et celles des *Bysses* qu'il tira des champignons de Linnée : la première de ces deux familles fut adoptée par Jussieu. Batsch sépara les *équisétacées* et les *rhizocarpes* des fougères. Enfin Palissot de Beauvois créait une famille des *lycopodes*, et indiquait celle des *lichens*, tandis que Decandolle rassemblait les *hypoxilons* épars, et circonscrivait avec soin les caractères de ces diverses familles. Plusieurs autres savans, ont avancé singulièrement nos connaissances en cryptogamie, mais leurs ouvrages très-bons pour la connaissance des genres et des espèces ne renferment que des vues purement systématiques et les affinités les plus évidentes sont frondées à chaque instant.

Tel est l'état actuel des familles des cryptogames et il faut convenir que si le célèbre Jussieu et ses collaborateurs, s'en étaient occupés avec autant d'assiduité que du reste du règne végétal, ils eussent laissé bien peu de choses à glaner à leurs successeurs : heureusement pour nous, il n'en est pas ainsi et un champ très-vaste reste à exploiter ; la grande diversité des objets qu'il renferme doit donner matière à beaucoup de divisions naturelles.

J'ai divisé, dans le chapître précédent, les végétaux en trois classes, dont les caractères sont tirés de la fécondation, de la végétation et de la germination. La première de ces classes comprend les Staminacées ou Cotylespermées ; le tableau que j'en ai donné indique assez la marche que j'ai voulu suivre dans leur classification, je ne parlerai donc ici que des familles des Pollinacées ou Trichospermées et le quatrième chapitre sera réservé aux Fluidacées ou Coccospermées.

De même que parmi les autres végétaux on observe chez les Pollinacées des familles nombreuses, ou pauvres en espèces ; des genres dont les caractères sont très-rapprochés, tandis que parfois ils paraissent tellement tranchés qu'on peut à peine les rapporter à aucune famille. L'Hymenacie contient peu de genres, mais ces genres sont très-nombreux en espèces et les Agarics comprennent à eux seuls environ mille espèces décrites et peut-être cinq à six mille inédites.

La famille des Nidulaires ne contient que deux genres et un très-petit nombre d'espèces, et cette famille est tellement différente du reste des végétaux qu'on ne peut méconnaitre ses caractères. Je pourrais en dire autant des Sphagnées, des Phialicarpées, des Céphalothecées, *etc.*

Les lycopodes qui terminent notre première classe, ont une grande analogie avec les mousses qui ouvrent la seconde classe, les polytrics indiquent hautement l'affinité qui unit ces deux familles.

Les *Mousses* forment une famille très-nombreuse et très-naturelle. Ce sont de très-petites plantes qui croissent sur la terre, les rochers ou les vieux troncs d'arbres ; Hedwig qui a traité spécialement de ces plantes, les a divisé en plusieurs genres dont les caractères sont tirés de l'absence, la présence et la diversité de forme de l'orifice de l'urne. Bridel, Beauvois, Schwægrichen et Hooker, sont ceux qui depuis Hedwig ont contribué le plus à l'avancement de la muscologie. Les genres de cette famille sont divisés en 7 sections de la manière suivante, dans laquelle j'appelle Péristome, les dents extérieures, et Épistome, les cils intérieurs.

Endopogoni.		1 *Ex.* Dawsonia.
Hymenopogoni.		2 *Ex.* Polytrichum.
Dichopogoni.		3 *Ex.* Hypnum, meesia.
Aplopogoni.	Peristomati.	4 *Ex.* Dicranum.
	Epistomati..	5 *Ex.* Tortula.
Apogoni.		6 *Ex.* Gymnostomum.
Astomati.		7 *Ex.* Phascum.

La *Sphagnie* n'est jusqu'ici composée que du seul genre sphagnum, qui diffère des mousses par le port, par l'absence de la calyptre et de la vaginule à la base de la soie, par la présence de la vaginule immédiatement sous l'urne, enfin, par le défaut de calyptrule. Ce dernier caractère la rapproche des Lejeuniacées.

La *Schisthecie* ainsi nommé de Σχιστὴ *fissa*, et de Θήκη, *theca*, ne renferme également qu'un genre, Andræa, que ses caractères rendent tout-à-fait intermédiaire entre les mousses et les jungermanes; en effet il se rapproche des mousses, par sa calyptrule et sa columelle, et des jungermanes par son fruit quadrivalve, mais il diffère de ces dernières par l'absence des hélices, par la présence de la columelle et par son fruit operculé : et des premières par le défaut d'une urne véritable et par son pédoncule membraneux.

Le caractère des *Jungermanidiées*, consiste en un fruit quadripartite ou quadrivalve, déoperculé, privé de columelle et renfermant des semences et des hélices : ce fruit est solitaire au sommet d'un pédoncule membraneux, ce qui distingue cette famille des Céphalothécées. Un chapitre particulier sera consacré à la monographie des jungermanidiées, il suffira donc de dire que j'en ai éliminé tous les genres qui refusent les caractères ci-dessus énoncés.

La *Céphalothécie* (de κεφαλή, *caput* et de θήκη *theca.*) diffère de toutes les familles de l'urnulinie, par ses urnes aggrégées dans un réceptacle commun, caractère qui paraît être de la plus grande importance. Cette famille est composé du genre Marchantia qui se divise en quelques autres : j'en traiterai à la suite des jungermanidées.

La *Carpocérie* tire son nom du genre anthoceros que j'ai changé en Carpoceros, d'après ce principe que tout nom qui entraîne un contresens, doit être banni de la nomenclature, or il est reconnu que les capocérées ont un fruit et non une fleur à deux valves. Cette famille par son fruit operculé et par la columelle a de l'affinité avec les schisthécées, mais elle en diffère par sa capsule bivalve contenant des hélices ; ce caractère du fruit bivalve la rapproche des fissulinées. Les espèces du genre Carpoceros sont C. Lævis, C. multifidus, C. punctatus, C. crispus et C. carolinianus. Doit-on joindre à cette famille le genre Blandovia ? ce genre ne serait-il pas mieux placé dans la fissulinie ?

Les *Fissulinées* forment une petite famille composée des genres Monoclea, Targionia et peut-être Blandovia. Leur caractère consiste en un fruit dont les graines s'échappent par une une fissure, ces graines sont elles mêlées d'élatères, c'est ce que je ne puis assurer. J'ai observé abondamment la targionia hypophilla près de Louvain, mais je ne me rappelle pas d'y avoir observé d'élatères, cependant Micheli en représente dans la figure qu'il en donne et les indique dans le texte. Les fissulinées sont voisines des phialicarpées dont le fruit est indéhiscent et qui par conséquent font partie de la scutellinie.

Les *Phialicarpées*, ainsi nommées de φιάλη *ampulla* et καρπὸς *fructus*, paraissent au premier coup d'œil déplacées dans la scutellinie, mais si l'on observe que la scutelle est ampullacée dans cette famille, globuleuse dans la globigérie, concave dans le genre parmelia, plane dans les ramalia et enfin convexe dans les bœomyces, on conviendra que le fruit indéhiscent des phialicarpées doit-être considéré comme une scutelle. Ici la calyptre tient lieu de péricarpe : dans le genre Sphærocarpus elle est posée sur une espèce de *thallus*, dans lequel elle est implantée chez les riccies, ce qui indique aussi le passage de la calyptre à la scutelle. Je crois qu'on a confondu sous le nom de Sphærocarpus deux espèces distinctes ; je nomme l'une S. lagenarius, elle est représentée dans Micheli, tab. 3, l'autre S. utriculosus, calyptris globosis sessilibus, je l'ai trouvé près de Tournay à Kain. Le genre Riccia qui fait aussi partie de cette famille a besoin d'être étudié de nouveau, on doit en former deux genres, savoir : 1.° Riccia, fruits enfoncés dans le thallus ; 2.° Tessellina, fruit sortant par une fente ; on doit rapporter à ce dernier, la R. reticulata poir. non sw. = Tessellina coriandri nob. et la R. pyramidata willd. = Tessellina pyramidata, nob.

La *Globigerie* contient les lichens dont les sporules sont renfermées dans une enveloppe globuleuse et perforée. Nees les a indiqués comme section, je pense qu'on doit en faire une famille parfaitement intermédiaire entre les phialicarpées et les vrais lichens. On doit rapporter à cette famille les genres Endocarpon, Plocaria, Trypethelium, Verrucaria, *etc.*

Sous le nom de *Peltigerie* j'indique les vrais lichens scutellifères, famille nombreuse et pour l'étude de laquelle on doit consulter les ouvrages d'Acharius. Les scutelles sont tantot portées sur une croute, tantot sur des expansions foliacées ou ramifiées. Aucun végétal ne possède à un plus haut dégré la propriété de revivre après avoir été long-tems desséché.

La *Graphinie* renferme des végétaux dont les scutelles oblongues ou linéaires, sont portées sur une croute lichénoide et s'ouvrent en une fente longitudinale. Les genres Graphis, Opegrapha et Arthonia en font partie.

Les *Sphéries* consistent en petits champignons utriculiformes solitaires ou aggrégés et remplis de sporules qui en sortent tantôt par un pore, tantôt par un ostiole. Le genre Sphæria de Haller compose cette famille dont je traiterai à la fin de ce chapitre.

La *Sclérotacie* paraît avoir une assez grande analogie avec les sphéries par l'intermédiaire du genre Xyloma : le péridium est tuberculeux, mais n'émet jamais de filaments ce qui les distingue de Tuberacées. Les genres Xyloma, Sclerotium, Melanconium, Ægerita, Coryneum, Fusarium, Tubercularia et Onygena feront partie de cette famille.

Les *Tubéracées* ont des péridiums charnus souvent souterrains et entremêlés de fibres rayonnantes ; elles se rapprochent de la famille précédente par les Erysiphe, et de la suivante par les truffes. Les genres Uperhiza et Rhizoctonia font aussi partie de cette famille.

Les *Geoperdinées* (de γη *terra*, γαιος, *terrestris* et de περδω, *pedo*) croissent sur la terre et ont des péridiums utriculiformes, tantôt nus, tantôt sortant d'une volva et qui, s'ouvrant au sommet d'une manière plus ou moins régulière, laissent échapper les graines entremêlées de filaments nombreux. Cette famille comprend les genres Scleroderma, Bovista, Lycoperdon, Geastrum, Tulostoma et Polysaccum.

Les *Intestines*, naissent et se développent sous l'écorce des staminacées, qu'elles perforent pour répendre leurs semences. Leurs péridiums sont intimement adnés à la plante qui les porte, à tel point que dans quelques genres ils paraissent entièrement oblitérés. On doit rapporter à cette famille les genres Roestelia, Æcidium, Uredo, Puccinia et Podisoma.

Je réunis sous le nom de *Trichosporie* (de θρὶξ, τριχὸς, *capillus* et σπορεὺς, *seminator*), ces petits champignons membraneux dont les péridiums réguliers, contiennent des sporules entremêlées de filaments flocconeux. Cette famille a de l'affinité avec les intestines par les *cionium*, avec les géoperdinées par les filaments qu'elles contiennent, avec les mucorées par les *eurotium*, et avec les spumidées par le genre lycogola qui semble intermédiaire ; elle se compose des genres suivans : § 1. Columelle centrale ; Didymium, Leangium, Cionium, Stemionitis. § 2. Columelle nulle ; Arcyria, Cribaria, Dyctidium, Craterium, Leocarpus, Trichia, Lycogala ?

Les *Spumidées* ont un péridium sessile, irrégulièrement épanché, spumescent, dont l'intérieur entremêlé de filaments est sans columelle centrale ; elles ont une grande analogie avec les trichosporées par les genres trichia et lycogala, mais la croute des trichosporées porte des péridiums extérieurs dont les spumidées sont dépourvues. Les genres Reticularia, Spumaria, Strongylium, Lygnidium, Fuligo, Æthalium, font partie de cette famille.

La *Dichentictie* (de Διχη, *dupliciter* et ἐντίκτω, *internè gigno*), diffère des deux classes précédentes par l'absence des filaments intérieurs. Les péridiums contiennent des corpuscules de deux sortes, ce qui les distingue des mucorées avec lesquelles elles ont beaucoup d'affinité par l'intermédiaire du genre eurotium. Les dichentictées comprennent les genres Dichosporium, Amphisporium et Licea.

Le caractère de la *Mucorie*, qui rassemble les genres Eurotium, Ascophora, Thamnidium, Mucor et Hydrophora, consiste en péridiums réguliers, fragiles, sessiles ou stipités, contenant des corpuscules d'une seule sorte. Le genre Myrothecium doit-il faire partie de cette famille? est-il le type d'une nouvelle famille intermédiaire entre les mucorées et les dichenticées ?

Les *Carpobolées* (de Καρπὸς, *fructus* et de βάλλω *jacio*), ont beaucoup d'affinité avec les mucorées par l'intermédiaire du pilobolus, avec les géoperdinées par le sphærobolus et avec les nidulaires par le polyangium; leurs semences sont ramassées en un globule qui à la maturité est lancé avec violence hors du péridium. La carpobolie se compose des genres Pilobolus, Thelebolus, Sphærobolus et Atractobolus.

Les *Nidulaires*, qui commencent la nudigranie sont de petits champignons cyathiformes, contenant plusieurs corpuscules lenticulaires que certains auteurs regardent comme des semences, d'autres comme des capsules; en admettant cette dernière opinion, les nidulaires devraient être placées à la fin de la tectigranie, ce qui ne dérangerait en rien l'ordre des familles. Quoiqu'il en soit ces corpuscules ne sont jamais lancés comme dans les carpobolées, et l'intérieur des coupes contient dans la jeunesse du champignon une humeur visqueuse analogue à celle des laticées. Les deux genres Polyangium et Cyathus doivent être ici placés.

Les *Laticées* sortent d'une volva qui est double dans le Junia, triple dans le phallus; leur surface fructifère, sessile ou stipitée, est couverte d'un hyménium déliquescent en humeur visqueuse et granifère. Le genre Junia n'a pas le chapeau réticulé comme le phallus, on doit y rapporter le P. hadriani, Junia batava, nob. Cette famille renferme les genres Clathrus, Junia et Phallus, doit-on y joindre le Battarea ?

Les genres de la *Mitracie* ont un chapeau membraneux, souvent irrégulier, stipité, distinct du pédoncule et dont l'hymenium n'est pas déliquescent. Cette famille est contigue aux laticées par les morilles et aux clavellaires par la spathulaire ; elle comprend les genres Morchella, Helvella, Helotium et Verpa.

Les *Clavellaires* diffèrent des autres nudigranées par l'absence d'un chapeau et par leurs graines répandues sur toute la surface du champignon, ce caractère les rapproche des trémelles dont leur substance charnue non confondue avec l'hyménium les éloigne. Les clavellaires renferment les genres Geoglossum, Phacorhiza et Clavaria. Doit-on y joindre les genres Spathularia et Merisma ? le premier de ces genres n'appartient-il pas plutôt à la famille précédente, le second à la famille suivante ?

Les genres Théléphora, Coniophora et peut-être Mérisma composent la *Papillacie*, c'est-à-dire les Nudigranées munies de papilles et dont le chapeau est mince, coriace irrégulier et sessile. La différence qui existe entre cette famille et la suivante, réside particulièrement dans le port et est beaucoup plus facile à sentir qu'à décrire, ensorte qu'il peut-être plus convenable de les réunir toutes deux sous le nom d'Hyménacie.

Les *Hyménacées* ont la surface inférieure munie d'un hyménium non déliquescent, leur chapeau est sessile ou continu avec le pédoncule, ordinairement régulier : l'hyménium est muni de pores, de lames ou d'aiguillons. Si une famille doit conserver le nom de *Fungi*, c'est celle-ci qui le portera ; on doit lui rapporter les genres Hydnum, Systotrema, Fistulinia, Boletus, Merulius, Dædalea, Schizophyllum (*), Agaricus, Cantharellus, Sterbeeckia.

L'*Acétabulie* renferme des champignons sessiles, ou à chapeau confluent avec le pédoncule, et qui portent les semences à la surface supérieure. Cette famille témoigne de l'affinité avec les hyménacées par le Sterbeeckia, avec les mitracées par les helotium, avec les céphalosporées par le stilbum, et avec les trémellinées par l'auriculaire. L'acétabulie comprend les genres Helotium, Ascobolus, Stictis, Solenia, Tribdilium et Peziza.

Les *Trémellinées* sont gélatineuses, irrégulières, et leur hyménium fortement adhérent, porte des semences nues. Cette famille comprend l'Auricularia et les Trémelles : les genres Dacryomyces et Epichrysium doivent ils aussi en faire partie ? ne sont-ils pas plutôt le type d'une nouvelle famille ?

La *Céphalosporie* (de κεφαλή, *caput* et σπορά, *semen*) tient le milieu entre les champignons et les mucédinées, en effet, leur support est fungoïde tandis que leur chapeau est composé de filamens byssoides. Les genres Stilbum ? Cephalotrichum et Coremium lui appartiennent. Doit-on y joindre le Dacryomyces et l'Épichrysium ?

Tels sont les caractères des familles de la Pollinacie : les personnes qui ont étudié cette partie du règne végétal verront que j'aurais pu pousser les divisions plus

(*) Ce genre est très-bien caractérisé dans Fries, qui l'a séparé avec raison des agarics ; il ne comprend qu'une seule espèce Schizophyllum alneum, mais est-ce bien le même qu'on trouve dans les localités si différentes ?

loin, d'autres au contraire penseront que j'aurais dû arrondir davantage les familles, mais dans les pollinacées comme dans les staminacées un genre seul de caractère distinct, peut former une famille, de même qu'une famille nombreuse dès qu'elle est naturelle ne doit pas être divisée.

Revenons maintenant au genre sphæria dont j'ai formé une famille particulière. Le caractère principal de cette famille consiste en sphérules qui lui sont propres et qui sont remplies d'une substance gélatineuse séminifère. Ces sphérules sont solitaires ou aggrégées, libres ou adnées à un réceptacle fongoïde qui porte le nom de strome. Le genre Sphérie qui est composé de plusieurs centaines d'espèces totalement différentes les unes des autres, doit être nécessairement divisé, mais cette division offre bien des difficultés à cause du peu de constance des organes. Le strome qui à servi de base aux divisions établies par divers auteurs est on ne peut pas plus variable; c'est pourquoi j'ai cru devoir accorder la préférence à l'orifice des sphérules qui, je crois, est l'organe le plus constant mais qui n'est pas plus que les autres à l'abri de tout reproche.

En partant de cette base, la division primordiale des sphéries, formera deux coupes, les Astomées et les Stigmastomées : mais comme la dernière des deux divisions est trop considérable, je l'ai divisé en trois, savoir ; 1.° les Stigmastomées, dont l'orifice est perforé d'un trou qui quelquefois s'allonge insensiblement en un ostiole très-court ; 2.° les Dryinostomées, dont l'ostiole est un tuyau inséré brusquement sur la sphérule et plus long qu'elle ; ce tuyau est continu ou articulé sur la sphérule, ce qui pourrait fournir un caractère très-solide mais difficile à observer ; 3.° les Platistomées dont l'orifice sessile, est presqu'aussi large que la sphérule. Ces tribus doivent être divisées d'après l'absence du strome, les sphérules étant libres ou rassemblées et d'après sa présence et alors le strome est hémisphérique ou claviforme, les sphérules sont confluentes ou distinctes, supérieures ou inférieures.

A l'exemple d'Aubert du Petitthouars, j'ai donné aux genres de cette famille un terminaison commune, ce qui les fera distinguer aisément des autres genres de la cryptogamie : j'engage les botanistes qui auraient des rectifications à faire ou de nouveaux genres à créer, à suivre la même marche. Dans le tableau suivant, j'ai ajouté aux genres les espèces qu'on doit y rapporter.

Conspectus Sectionum.

Astomeæ.	Liberæ.	1.
	Crustaceæ.	2.
	Compositæ.	3.
	Confluentes.	4.
Platistomeæ.		5.
Dryinostomeæ.	Liberæ.	6.
	Compositæ.	7.
Stigmastomeæ.	Liberæ.	8.
	Crustaceæ.	9.
	Confluentes.	10.
	Compositæ.	11.
	Clavæformes.	12.

§ I. ASTOMEÆ LIBERÆ.

MOLGOSPHÆRA.

Sphærulæ astomeæ liberæ, solitariæ, stromate vel crustâ destitutæ.

Capillata.
Vermicularia.
Subulata.
Pulvispyrius.
Moriformis.
Tristis.
Dematium.
Nervisequa.
Hymantia.
Ægopodii.
Maculiformis ?
Clusiæroseæ.
Pustulata.
Fallax.
Acrospermum.

§ II. ASTOMEÆ CRUSTACEÆ.

PHYLLOSPHÆRA.

Sphærulæ astomeæ liberæ, epiphyllæ, crustâ tenuissimâ immersæ.

Quercicola.
Castaneæcola.
Saponariæcola.
Fagicola.
Tremulæcola.
Hedercæola.
Cornicola.
Asclepiadicola.
Gentianæcola.
Betæcola.
Convallariæcola.
Paridicola.
Chelidonicola.
Populicola.
Convolvulicola.
Geicola.
Ballotæcola.
Scabiosæcola.
Calthæcola.
Buxicola.

§ III. ASTOMEÆ COMPOSITÆ.

CYATHISPHÆRA.

Sphærulæ aggregatæ, astomeæ, stromate insertæ.

Cupularis.	Cucurbitula.
Vernicosa.	Berberidis.
Varia.	Fulginosa.

§ IV. ASTOMEÆ CONFLUENTES.

CLADOSPHÆRA.

Sphærulæ astomeæ, elongatæ, subcylindricæ, basi confluentes.

Cespitosa.

§ V. PLATISTOMEÆ.

PLATISPHÆRA.

Sphærulæ liberæ, solitariæ, stromate destitutæ, ostiolo latissimo.

Dehiscens.	Pileata.
Diminuens.	Media.
Macrostoma.	Cristata.
Libera.	Angustata.
Episphæria.	

§ VI. DRYINOSTOMEÆ LIBERÆ.

DRYINOSPHÆRA.

Sphærulæ dryinostomeæ liberæ, stromate destitutæ, ostiolo tereti, elongato.

Pinastri.	Flexilis. = Dryina.
Lagenaria.	Tubæformis.
Stricta.	Flaccida.

Rigida.
Rostrata.
Cirrhosa.
Biformis.
Barbata.
Lingam.
Acuta.
Gnomon.
Setacea.
Melanostyla.
Ariæ.
Capreæ.
Juglandis.
Solani.

SYPHOSPHÆRA.

Sphærulæ dryinostomeæ in circulum approximatæ, stromate destitutæ, ostiolis recurvatis, hamosis.

Coronata.

PHIALISPHÆRA.

Sphærulæ dryinostomeæ, stromate destitutæ, approximatæ, ostiolis rectiusculis.

Ferruginea.
Ciliata.
Faginea.
Pusilla.
Turgida.
Latericolla.

§ VII. DRYINOSTOMEÆ COMPOSITÆ.

TRICHOSPHÆRA.

Sphærulæ dryinostomeæ, stromate insertæ.

Hystrix.
Carpini.
Tentaculata.
Coryli.
Podoïdes.
Ceratosperma.
Spiculosa.

§ VIII. STIGMASTOMEÆ LIBERÆ.

STIGMATISPHÆRA.

Sphærulæ stigmastomeæ, solitariæ, stromate destitutæ.

Porphyrogona.
Rubella.
Clypeata.
Fimeti.
Tiliæ.
Pomiformis.
Circumscissa.
Seriata.
Suffulta.
Arenosa.
Capitata.
Crinita.
Operculata.
Strigosa.
Sanguinea.
Hirsuta.
Fissa.
Mobilis.
Hispida.
Acinosa.
Racodium.
Inquinans.
Xylostei.
Pulverulacea.
Incrustans.
Calva.
Mammæformis.
Spermoïdes.
Populina.
Coccinea.
Artocreas.
Ventricosa.
Herbarum.

HYDROPISPHÆRA.

Sphærulæ stigmastomeæ, solitariæ internè aquâ seminibusque farctæ.

Peziza.

§ IX. STIGMASTOMEÆ CRUSTACEÆ.

THALLISPHÆRA.

Thallus lichenoideus, crustaceus, sphæruliferus; sphærulæ stigmastomeæ distantes.

Byssacea.	Aurantia.
Epigæa.	Rosella.
Leucocephala.	Dianthi.
Viridis.	Albicans.
Cinerea.	Achroa.
Trichoderma.	

§ X. STIGMASTOMEÆ CONFLUENTES.

GAMOSPHÆRA.

Sphærulæ stigmastomeæ, nudæ vel stromate instructæ, confluentes.

Atropurpurea.	Fragiformis.
Serpens.	Cohærens.
Uda.	Concentrica.
Microscopia.	

§ XI. STIGMASTOMEÆ COMPOSITÆ.

EPHEDROSPHÆRA.

Sphærulæ stigmastomeæ, distinctæ, stromate impositæ.

Decolorans.	Populina.
Coccinea.	Appendiculata.
Laburni.	Ribis.

POROSPHÆRA.

Sphærulæ stigmastomeæ, distinctæ, obliquæ, stromati truncato carnoso immersæ.

Stipitata.	Sessilis.

DISCOSPHÆRA.

Sphærulæ stigmastomeæ, distinctæ, erectæ, stromati hæmisphærico immersæ.

Castorea.	Lutea.
Radians.	Flavovirescens.
Rubiginosa.	Deusta.
Gelatinosa.	Lenta.
Rufa.	Citrina.
Melanograna.	Rosea.
Ribesia.	Ochracea.
Sambuci.	Stigma.
Quercina.	Irregularis.
Scoria.	Lœta.
Disciformis.	Graminis.
Grisea.	Trifolii.
Friabilis.	Rimosa.
Bullata.	Puccinioïdes.
Nivea.	

§ XII. STIGMASTOMEÆ CLAVÆFORMES.

XYLOSPHÆRA.

Sphærulæ stigmastomæ, receptaculo elongato suberoso.

Bulbosa ?	Hypoxylon.

Digitata. Cupressiformis.
Polymorpha. Cornuta.
Foliiformis. Carpophyla.

CORYNESPHÆRA.

Sphærulæ stigmastomeæ, receptaculo elongato carnoso.

Alutacea. Ophioglossoïdes.
Militaris. Capitata.
Larvicola. Entomorhiza.

MITRASPHÆRA.

Sphærulæ stigmastomeæ, receptaculo elongato apice capitato.

Capitata. Didyma.

CHAPITRE QUATRIÈME.

Circonscription des familles de la Fluidacie.

La Fluidacie est de toutes les parties de la botanique, celle que les travaux des auteurs modernes ont le plus enrichi, de découvertes et d'espèces nouvelles et j'ose dire que c'est celle qui laisse encore le plus à désirer. Les anciens connaissaient à peine quelques algues et Linnée lui-même, dans les trois premières éditions de son *species*, n'en cite qu'environ 80 espèces. Tant que ce nombre était aussi peu considérable, on pouvait n'en faire que quelques genres, mais aujourd'hui qu'on connait quelques mille espèces d'algues, il serait ridicule de vouloir conserver intégralement les genres établis par Linnée, c'est ce qu'ont parfaitement senti les auteurs qui se sont occupé de la division des algues. Parmi les modernes qui ont le plus contribué à l'avancement de cette partie de la Botanique, soit par les espèces nouvelles qu'ils ont publié, soit par les genres nouveaux qu'ils ont établi, on doit citer Gmelin, Roth, Stackhouse, Esper, Vaucher, Wulfen, Dillwyn, Turner, Bory, Mertens, Lamouroux, Agardh, Lingbye et Link.

Presque tous ceux qui ont traité des algues, ont considéré comme caractère de première valeur, la nature des frondes et leur couleur ; je suis loin de partager cette opinion. En effet le caractère de la végétation des algues qui paraît le mieux tranché, est celui des articulations, mais tout en lui reconnaissant une grande valeur, je pense qu'on ne doit pas l'estimer au-dessus de la fructification, puisqu'on trouve quantité d'algues qui sont partie continues, partie articulées, ou qui n'appartiennent ni à l'une ni à l'autre des ces deux classes : ainsi en admettant cette division, que faire du Choda, des Hutchinsia, des Ectospermes, et de tant de genres qui repugnent à l'une et l'autre base? Je pense que les caractères de première valeur, doivent, chez les algues, comme chez les autres végétaux, être tirés de la fructification : les semences solitaires ou aggrégées, la présence ou l'absence des vésicules séminifères ; leur nature, leur déhiscence, leur aggrégation, leur position relativement au végétal et la présence des hélices sont les caractères auxquels je donne la préférence. Envain citerait-on l'exemple des F. lumbricalis et rotundus : de semblables exemples, n'infirment en rien ce que j'avance, car quelle est la partie de l'histoire naturelle qui n'est sujette à aucune aberration? Ouvrez l'excellent ouvrage de Lyngbye, qui est basé sur les caractères de la végétation, vous y verrez le *Fucus* à côté de l'Ulve et du *sphærococcus*, le *plocamium* près de l'*halidrys*, l'*ectosperme* près du *gastridium*, etc., etc. Ces exemples et tant d'autres que je pourrais multiplier à l'infini, prouvent que l'étude des analogies nécessite celle de la fructification.

Les diverses parties de la fructification des algues,

n'ont pas encore reçu de noms bien circonscrits ; c'est pourquoi je nommerai uvines les fruits agrégés, acines les fruits simples, aggestes les aggrégations de semences et ostioles les orifices des acines.

La fructification des Acinées est un sujet de discussion parmi les botanistes modernes : Dawson Turner, pense que la fructification adnée est une suite de la fructification acinaire, Mertens, que la première n'est que le commencement de la seconde, Lamouroux, que les Acinées ont deux fructifications : je partage l'opinion de Mertens, et s'il venait à être prouvé rigoureusement que la fructification adnée n'est pas le commencement des acines, alors je penserais que les *Acinées n'ont pas deux sortes de fructification, mais une seule sujette à l'avortement partiel du péricarpe.*

J'ai divisé les Fluidacées en cinq ordres, j'aurais pu en ajouter un sixième les Mucédinées, c'est-à-dire, les algues fungoïdes et si je ne l'ai pas fait c'est afin de ne pas trop multiplier les ordres. Les végétaux de cette section étaient très-déplacés parmi les champignons dont ils n'offrent aucun caractère et leur analogie avec les Granulinées est au contraire trop frappante pour ne pas être sentie. Il faut bien se garder de confon-les Mucédinées avec les filamens primaires des putrescinées ; mais dans ces dernières, les filamens en se soudant plusieurs ensemble, produisent des réceptacles granifères tandis que les mucédinées portent immédiatement les graines.

La *Gonocladie* (de γόνυ, *articulus* et de κλάδος, *ramulus*) est composée des mucédinées dont les fibrilles sont articulées et les semences simples. Cette famille a trois sections ; savoir : 1.° sporulæ terminales : Pennicillium,

Spicularia, Polyactis, Aspergillus, Acladium. — 2.° sporulæ verticillatæ vel articulis aggregatæ : Verticillium, Gonotrichum, Botrytis, Stachylidium. — 3.° sporulæ vagæ : Hapalaria, Actinocladium, Byssocladium, Sporotrichum. Il est visible que plusieurs de ces genres demandent à être observés de nouveau.

La *Gonosporie* (de γόνυ, *articulus* et de σπορὰ, *semen*) comprend les mucedinées dont les sporules articulées sont portées sur des filamens tantôt articulés, tantôt continus, ce qui forme deux section, qui par la suite seront sans doute deux familles distinctes. § 1.° Gonosporia, sporulæ et fibræ articulatæ : Trichothecium, Dactylium. — § 2.° Pherogonia, fibræ continuæ, sporulæ articulatæ : Acrotamnium, Cladosporium, Helmisporium.

Les *Trichocladées* (de θρὶξ, τριχὸς, *capillus* et de κλάδος, *ramulus*) ont des fibrilles continues et des sporules simples, comme dans les Chloridium et Circinotrichum.

Les *Monilacées* ont des fibrilles moniliformes, solides, opaques, simples et sans semences extérieures visibles. Les genres de cette famille sont : Hormiscium, Torula, Monilia et Alternaria.

Les *Byssinées*, auxquelles on doit rapporter le Byssus et ses congénères ont des fibrilles continues variables, jamais moniliformes et sans graines visibles.

Les *Confervacées* sont des filamens membraneux, simples ou rameux, articulés, et dont chaque article produit une séminule intérieure. Cette famille a une grande analogie avec les byssinées, dont elle ne diffère que par la nature des filamens, et avec les ulvacées qui s'en éloignent par leurs graines contenues dans la fronde elle-même et non dans le tube que forme la fronde. Le genre Conferva qui est le type de cette famille, contient des êtres trop dissemblables pour ne pas être divisé de nouveau. Le Bryopsis doit-il être rapporté à cette famille ?

Les *Diatomées* sont très-voisines des conferyacées, leur fronde est plane, simple, articulée, et à la fin de leur vie, se sépare en articles séminifères. Cette famille contient deux genres, et lorsqu'elle sera devenue plus considérable, chacun d'eux sera le type d'une famille dont les caractères seront : *fragilinia*, fila plana, articulata, non copulantia, in particulis labentia ; *diatomea*, fila plana, articulata, copulantia, demum in articulis soluta. La végétation de cette dernière famille offre des caractères singuliers ; dans la jeunesse, ce sont de petits filamens plats, articulés et très-solides : par la suite ils se réunissent deux à deux, et alors devenus d'une fragilité extrême, au moindre froissement les articles se séparent les uns des autres et ne restent attachés que par les angles. La connection des filamens rapproche singulièrement les diatomées des conjugées et leur séparation par article les place auprès des hydrodyctinées.

Les *Hydrodyctinées* ne sont jusqu'ici composées que d'un seul genre, tellement différent de tous les autres, qu'il est impossible de ne pas en faire une famille particulière à cause de son port et de ses caractères.

Les *Conjugées* forment une des familles les plus intéressantes des végétaux. Ce sont des filamens simples, articulés et remplis d'un fluide qui affecte diverses formes ; à l'époque de l'hymen, ces filamens s'accouplent, le fluide fécondateur passe d'un article à l'autre et il en résulte une graine intérieure, qui reproduit l'espèce : rien de plus simple et de plus admirable que ce mécanisme qui peut jetter un grand jour sur la fécondation des animaux. Vaucher, dans son excellent ouvrage sur les conferves d'eau douce, a décrit avec le plus grand soin toutes les phases de leur végétation ; le nom générique qu'il leur avait donné étant adjectif a dû être changé, Décandolle y a substitué le nom de Conferve qui était reçu pour des espèces différentes, et Agardh l'a changé en Zygnema, qui rend très-bien l'idée de Vaucher et qui a été adopté ; depuis Link a considéré avec raison chacune des trois sections de Vaucher comme un genre particulier, ce qui forme les genres suivans ;

ZYGNEMA. — ZYGNEMATIS sect. 1. Ag.

Articulorum interanea effusa. Semen interiori conformis.

Genuflexum.	Littoreum.
Serpentinum.	

GLOBULINA.

Articulorum interanea in globulos stellulasve congesta. Semen rotundum vel ovatum.

Cruciata.	Confluens.
Gracilis.	Lutrescens.
Pectinata.	Stellina.
Decussata.	

SPIROGERA.

Articulorum interanea in spiras torta. Semen rotundum vel ovatum.

§ 1. Spira unica.	§ 2. Spiræ duæ.
Quinina.	Decimina.
Porticalis.	Adnata.
Elongata.	
Inflata.	§ 3. Spiræ plures.
Condensata.	Nitida.

Les *Vauchériacées* ont des filamens continus qui portent des graines nues et extérieures. Le genre Ectosperma mal à propros nommé Vaucheria, doit-être divisé de la manière suivante :

ECTOSPERMA.

Semina lateralia appendiculata vel sessilia.

Bursata.	Cæspitosa.
Hamata.	Cruciata.
Terrestris.	Racemosa.
Sessilis.	Multicornis.
Geminata.	Sericea.
Dillwynii.	Dichotoma.

VAUCHERIA.

Semina terminalia, semiadnata appendiculo nullo.

Ovata.	Clavata.
Granulata.	

Les filamens des *Glojotrichées* sont constamment d'une seule espèce, ce qui la distingue des Glojotamnées ; ils sont simples ou rameux et rassemblés dans une masse gélatineuse non divisée comme les rameaux. Cette famille est composée des genres Chætophora, Linkia, Myriodactylon, j'y rapporte aussi provisoirement le Mésogloja, quoiqu'il soit le type d'une nouvelle famille.

Dans la *Glojothamnie* la masse gélatineuse qui renferme les rameaux, est divisée comme eux-mêmes : les fils sont de deux sortes, les premiers jamais aggrégés mais libres. Les glojothamnées comprennent les genres Draparnaldia, Batrachospermum et Thorea.

Les caractères des *Characées* sont bien connus, ainsi je renvoie aux auteurs qui en ont traité. Leur affinité avec les batrachospermes d'une part et avec le cladostephus de l'autre, les font placer entre les glojothamnées et les ceraminées.

La *Céraminie* est composée des algues articulées dont le fruit consiste en acines extérieures. Cette famille est très-voisine des sphérococcées et n'en diffère que par ses frondes articulées ; elle contient les genres Cladostephus, Rytiphlæa, Sphacelaria, Ceramium, Ectocarpus et Hutchinsia qui devra changer de nom si l'hutchinsia de Brown est adopté. Le *conferva multicapsularis* de Dillwyn, dont les capsules sont terminales, formera un genre nouveau que j'appelle Pemphidia multicapsularis.

Ainsi que je l'ai fait observer plus haut, les *Sphérococcées* sont très-voisines des céraminées, le port et la fructification sont absolument les mêmes et il est des genres qui semblent partager le caractère de l'articulation et de la continuité. Lamouroux et Agardh nomment cette famille les Floridées. J'ai substitué celui de Sphérococcie, parce que le nom est tiré de plus ancien genre connu, parce qu'il exprime bien le caractère de réunion et parce que celui de floridées donne une idée fausse de ces végétaux. Les genres de cette famille ont besoin d'être revus avec soin, s'il venait a être prouvé que la fructification adnée n'est pas le commencement des acines, cette famille devrait en former deux dont l'une garderait le nom de Spherocarpie, et l'autre prendrait celui de dichocarpie ou les dichocarpées, c'est-à-dire, les Acinées inarticulées dont la fructification est sujette à un avortement partiel. Le Delesseria Lyngb. doit être changé en Sterphalia (*) à cause du Lessertia de Decandolle, ce genre contient les espèces suivantes : St. sanguinea, sinuosa, fraxinifolia, ruscifolia, alata, hypoglossum, lacerata, lobata, platycarpa.

Le genre *Claudea* me paraît devoir former une famille particulière intermédiaire entre les sphérococcées et les fucacées ; en effet sa couleur et sa fructification le rapproche des premières et son stipe des dernières. J'appelle cette famille la *Schalidie* du mot grec Σχαλὶς, σχαλίδος, fourche à soutenir les rets.

Les *Fucacées* ont des acines rassemblées en uvines, et renfermant des graines mélangées d'hélices. Cette famille réunit les Fucus, Halidrys, Osmundaria, Sargassum. L'Himanthalia paraît d'arbord se soustraire aux caractères ci-dessus énoncés, mais on devra le placer parmi les fucacées si l'on considère sa base comme un tige scutelliforme, émettant des uvines dichotomes très-allongées.

Lamouroux a le premier séparé les *Dictyotées* de leurs congénères ; il leur assigne le caractère suivant : « Organisation reticulée et foliacée, couleur verdatre ne devenant jamais noire à l'air. » Je les place auprès des fucacées à cause que leurs acines sont rapprochées régulièrement et surtout qu'elles sont plongées dans la substance du végétal. Lamouroux rapporte à la famille

(*) Ex Στέρφος, corium, et ἅλς, mare.

des dictyotées, les genres Amansia, Dictyopteris, Flabellaria et Dictyota, ce dernier doit être divisé en deux, la première section s'appellera Zonaria, la seconde Dictyota.

Les *Laminidiées* différent tellement des ulvacées que plusieurs auteurs ont cru devoir les rapprocher des Fucacées ; en effet elles ont la végétation des fucus et la fructification des ulves. Les Laminidiées comprennent les genres Desmaretia et Laminaria, les espèces de ce dernier qui sont munies de nervure, forment le genre Agarum qui renferme trois espéces A. clathratum, A. esculentum et A. costatum.

La fronde des *Chordacées* est articulée cartillagineuse, et sa surface extérieure est parsemée de semences implantées dans la fronde. On doit rapporter à cette famille les genres Chorda et Chordaria.

Les *Ulvacées* ont une fronde continue uniforme membraneuse, renfermant une grande quantité de graines non contenues dans des acines, mais éparses dans toute la fronde, dans un mucus intérieur, qui n'en peut sortir que par sa destruction. Les genres Scytosyphon, Asperococcus, Ulva, Dumontia et Bangia appartiennent à cette famille.

Ainsi fini le règne végétal, là où commence le règne animal et c'est ce que prouve l'affinité des Ulves avec les Alcyonidiées et du *Bangia* avec les oscillatoires. Mais à quel règne doit on rapporter les oscillatoires ? voila ce me semble dans l'état actuel de nos connaissances, la question la plus embarassante de l'histoire naturelle, et si de fortes raisons les font placer dans le règne animal, d'autres raisons, plus fortes encore peut-être, les rapprochent du règne végétal.

CHAPITRE CINQUIÈME.

Essai *

d'une Monographie des Jongermannes.

Le genre *Jungermannia* de Linnée, est, de tous ceux qui ont été conservés jusqu'ici, celui qui contient le plus de plantes hétéroclites, et il est étonnant qu'un genre qui contient des espèces dont les caractères sont si différens ait été si peu divisé. On ne peut voir sans étonnement des plantes feuillées mêlées avec des frondes simples ou rameuses; des péricarpes tantôt quadrifides, tantôt quadripartites; des élatères simples ou composés, persistants ou caducs, *etc.*, *etc.*

Les anciens sentirent bien que de telles différences devaient servir de caractères à divers genres, et Vaillant qui suivit de près Ruppius, fondateur du genre qui nous occupe, le divise en deux, dont il nomma

* Mon intention était de donner ici une monographe complette des jungermannes à cet effet il était nécessaire que je me procurasse, pour les espèces exotiques, l'ouvrage de Hooker (*musci exotici*); mais après avoir retardé pendant plus de cinq mois la distribution de cet opuscule, je me vois forcé de ne donner ici que les espèces d'Europe ou que j'ai en herbier.

l'un *hepatica*, et l'autre *hepaticoïdes*. Peu après Micheli fit des espèces frondeuses un genre *Marsilea*, et imposa à celles à feuilles simples, le nom *jungermannia*, et à celles auriculées celui de *muscoïdes*. Micheli établit aussi comme genre particulier le *blasia*, qui fut adopté par tous les auteurs jusqu'à Hooker, qui prouva que ce genre n'est rien autre qu'une espèce de jongermanne. Peu après Dillenius réunit ces plantes sous le nom de *lichenastrum*, et Linnée en leur rendant le nom de *jungermannia*, rétablit ce genre tel que Ruppius l'avait proposé le premier.

Depuis Linnée, Adanson divisa les jungermannes en deux genres et nomma les espèces feuillées *jungermannia*, et les espèces non feuillées *marsilea*. Vers cette époque, Schmiedel décrivait avec le plus grand soin les divers organes des jongermannes, et peut-être ce travail a-t-il donné naissance aux observations d'Hedwig sur les mousses. Jussieu et la majeure partie des auteurs modernes adoptèrent les caractères génériques proposés par Linnés et réformés par Schmiedel, tandis que Necker divisait de nouveau les jongermannes en cinq genres différens, répartis dans deux familles. Les caractères des genres proposés par Necker, se réduisent à ceci :

Folia imbricata, exappendiculata. . . . . Nitophyllum.
Folia disticha, exappendiculata. . . . . . Dinckleria.
Folia disticha, supernè appendiculis aucta. Richardsonia.
Folia imbricata, subtùs appendiculis aucta. Heimea.
Incrementum frondulosum. . . . . Jungermannia

Cependant le nombre des espèces s'était tellement accru qu'elles devenaient très-difficiles à distinguer, et qu'une bonne monographie en était devenu indispensable, c'est alors que parut l'ouvrage de Hooker sur les jongermannes de la Grande-Bretagne. Cette monographie est une de celles qui aient été le mieux soignées, tant pour les descriptions que pour l'exécution des figures, et un chef-d'œuvre de ce genre doit servir de modèle à tous ceux qui s'occcupent d'un semblable travail. Bientôt après Schwægrichen et Weber, donnèrent chacun un prodrome des hépatiques et depuis peu Hooker fait connaître, dans ses *musci exotici*, les espèces exotiques nouvelles ou incomplètement décrites.

Jusqu'ici nous avons vu les auteurs les plus distingués, conserver le genre *Jungermannia* tel qu'il avait été établi, et il était réservé à mademoiselle Libert, d'ouvrir une route toute nouvelle en le divisant d'après les caractères de la fructification, et ce qu'elle fit en créant le genre *Lejeunia* (*). Je vais suivre cette route en introduisant plusieurs genres nouveaux, et j'espère par là faciliter l'étude de ces charmantes petites plantes.

La famille des *Jungermanidiées* qui est composée des genres *jungermannia* et *blasia* de Linnée, renferme des végétaux réunis par le caractère suivant : *pollinaceæ virescentes urnulineæ S. calyptratæ, pericarpiis solitaribus quadripartitis vel quadrivalvibus, columellâ centrali destitutis, seminibus elateribusque intermixtis.*

Cette famille ainsi caractérisée se rapproche des *Schis-*

(*) J'avais depuis long-tems ambitionné dédier un genre de plantes à monsieur Lejeune et je regrette d'avoir été dévancé par mademoiselle Libert ; mais afin de rendre justice au mérite de mon savant compatriote et ami, je lui dédierai une tribu des jongermannes, que je nommerai les Lejeuniacées.

thécées, par son fruit quadrivalve, des Sphagnées par le défaut de calyptrule, des Céphalothécées et des Carpocérées par ses fruits contenant des hélices et des graines, et des Mousses par le port et la présence de la calyptre ; elle diffère des Schisthécées par la présence des hélices et l'absence de la columelle et de la calyptrule, des Sphagnées par la présence des hélices et de la vaginule à la base de la soie, des céphalothécées par ses fruits solitaires et non aggrégés dans un réceptacle commun, des Carpocérées par le défaut d'une columelle centrale et d'une calyptrule, enfin des Mousses par le défaut d'une calyptrule et d'un opercule. Les Lejeuniacées paraissent très-voisines des Sphagnées, les Jongermaniées des Schisthéces et les espèces fondeuses se rapprochent des Céphalothécées. C'est donc auprès de ces familles que les Jungermanidiées doivent être placées dans l'ordre naturel.

Les jongermannes fournissent une division importante en tiges fondeuses ou feuillées ; encore que ce caractère ne soit pas tiré de la fructification, on ne peut se refuser de lui accorder une grande valeur, lorsque l'on considère sa constance et la dissemblance de végétation qu'il procure : l'importance de cette distinction est telle qu'elle a été reconnue de tous les auteurs qui ont traité des jongermanes et bien que je pense que les caractères génériques doivent être tirés de l'urne, j'emploierai néanmois celui des tiges comme caractere de division. Les jongermannes frondeuses ont des tiges aplaties ordinairement munies d'une nervure longitudinale, sur laquelle, on apperçoit quelquefois des rudimens de feuilles ce qui rapproche ainsi les espèces frondeuses des espèces feuillées. Les jongermannes feuillées ont au contraire des tiges arrondies, émettant de feuilles bien développées ; ces feuilles sont simples ou munies d'appendices très-différens, souvent on observe vers leur base des oreillettes et alors on dit qu'elles sont auriculées (*folia auriculata*) : d'autrefois elles sont munies d'appendices auxquels on a donné bien mal-à-propos le nom de stipules puisqu'elles n'ont qu'un rapport très-éloigné avec celles des Staminacées. Ces prétendues stipules ne sont rien autre chose que des feuilles rabougries et qui affectent une forme très-différente de celles qui sont le plus apparentes, et je leur donne le nom de *phyllariums*. Ceci posé nous observerons que les feuilles des jongermanidiées sont ou uniformes ou difformes dans le premier cas, elles sont alternes ou opposées dans le second cas elles sont distiques, ou bien on trouve deux feuilles et un *phylarium* verticillés en forme de syphon ce que je nomme feuilles tristiques. Le phylarium occupe ordinairement la partie humifuse de la tige, c'est lui que l'on retrouve sur les nervures de certaines espèces et comme ces espèces n'affectent cette forme que par la soudure des feuilles, on retrouve ordinairement les phyllariums à la même place qu'ils occupent dans les espèces à feuilles de deux formes, ce qui fortifie l'analogie qui existe entre elles.

Les jongermannes se reproduisent de deux manières, par graines et par propagules ; les graines exigent une fécondation qui nécessite des organes mâles et femelles ; les propagules ne sont qu'une espèce de transformation des bourgeons en bourrelets ; on les trouve ordinai-sur les feuilles ou sur les tiges avortées des jongermannes, quelquefois sur des réceptacles particuliers.

La fleur mâle dans toutes les espèces connues consiste en orchiums (*) solitaires ou réunis plusieurs ensemble, sessiles ou stipités, placés dans les espèces feuillées, à l'aisselle des feuilles en différentes positions et dans les espèces aphylles, tantôt attachés à la nervure à l'aisselle des phyllariums, tantôt comme dans le *scopulina* et le *carpoceros*, enfoncés dans la fronde, ou enfin portés sur un réceptacle commun comme dans l'*aneura* et le *marchantia*. Les orchiums sont ordinairement dénudés, quelquefois ils sont accompagnés de paraphyses. Quoique la fructification mâle puisse offrir dans les jongermanidiées de bons caractères, j'ai préféré les négliger afin de rendre l'analyse plus facile.

La fleur femelle est infiniment plus composée que la fleur mâle : d'abord on apperçoit un petit bouton formé du Périchèze (*perichætium*), organe qui démontre la grande analogie de notre famille avec les mousses et qui peut fournir de bons caractères génériques et particulièrement d'excellens caractères spécifiques. Les feuilles périchétiales sont aux Urnulinées ce que les bractées sont aux Staminacées, elles forment l'enveloppe extérieure et sont ordinairement libres dans les espèces feuillées et soudées dans les especes aphylles; leur forme est quelquefois la même que celles des feuilles, mais le plus souvent elle en est différente. En général le périchèze estinséré sur le Clinanthe ou réceptacle de la calyptre, malheureusement quelques exceptions, à la vérité très-peu nombreuses, infirment cette loi.

La seconde enveloppe est composée d'une graine perforée par le sommet, et que je nomme avec Necker

(*) Je nomme *orchium*, chaque grain de pollen.

Colésule *(colesula)*, cette enveloppe est simple monophylle, sacculiforme, arrondie ou comprimée, ordinairement nue, mais quelquefois enfoncée dans les feuilles périchétiales; son sommet est tantôt entier, tantôt plus ou moins lacéré. Ainsi que le périchèze, la colésule manque dans quelques genres, elle a été appelée calice par Schreber, Hooker et Weber, périchèze par plusieurs auteurs, mais ces deux expressions sont inadmissibles puisque cet organe n'a qu'un rapport très-éloigné avec le calice des Staminacées et que le nom de périchèze doit être donné à cette partie qui rappelle celui des mousses. La position de la colésule offre quelquefois un caractère facile à saisir : presque toujours, comme je l'ai fait observer plus haut, la colésule est insérée sur le clinanthe où s'insère le pédicelle, rarement elle est attachée à la tige par un côté de son orifice, et le pédicelle s'élève du centre de la colésule; dans le premier cas, je dis que la colésule est imposée *(colesula imposita)* dans le second cas, qu'elle est pendante *(colesula pendula)*.

La Calyptre *(Calyptra)* est un organe propre au vingt-deuxième ordre, qui sert à protéger l'ovaire et qui est terminé par un pystil ordinairement aigu quelquefois obtus. La partie de la calyptre qui, dans les mousses s'élève sur l'opercule, doit prendre le nom de calyptrule *(calyptrula)*, celle qui persiste au bas de la soie, celui de vaginule *(vaginula)*. Lorsque la fécondation a eu lieu, la colésule prend son accroissement, après quoi l'urne fend la calyptre latéralement vers le sommet et s'élève, sans en emporter aucune partie, sur un pédoncule très-frèle, engainé par la calyptre qui persiste à sa base et prend alors le nom de vaginule.

L'Urne *(theca)* est de nature et de forme très-différente dans les genres des térébellacées (*) ; elle est a deux divisions dans le carpoceros, divisée en quatre jusqu'à sa base dans les jungermaniacées, à quatre divisions peu profondes dans les lejeuniacées ; sa substance cornée dans les jungermaniacées, membraneuse dans les lejeuniacées ; sa déhiscence est valvaire, excepté dans le *cincinnulus* qu'elle est contournée. L'urne n'est composée que d'une seule membrane, tandis qu'on en trouve deux dans celle des mousses.

L'urne renferme avec les graines un nombre assez considérable d'Élatères *(élateres)* ou filets élastiques tournés en spirale et qui servent à disperser les graines. Les élatères sont quelquefois simples, le plus souvent doubles et entrelacés ; ordinairement ils sont nus, mais dans quelques genres ils sont enveloppés dans des tubes très-minces *(elateres circumdati)*. La position des élatères est très-variable, elles sont vagues *(elateres vagi)* ou adnées à l'urne soit au sommet des valves *(elateres terminales)*, soit au milieu des valves *(elateres epiphragmi)*, soit enfin au centre de la capsule *(elateres centrales)*.

Les graines sont ovales et d'un vert jaunatre dans les lejeuniacées, elles sont sphériques et colorées dans les jungermaniacées, ce qui établit un nouveau caractère de distinction entre ces deux coupes. Les graines sont arrondies ou tuberculeuses, ordinairement elles sont nues, rarement enveloppées dans une membrane *(semina marginata)*.

(*) Je nomme *Terebellacées* la seconde section des urnulinées, c'est-à-dire, celles qui ont des trelicos mêlés avec les graines.

De tous les organes de la fructification que je viens de décrire, celui qui me paraît devoir mériter le plus de confiance est incontestablement l'urne et elle fournira deux coupes naturelles. L'une que je nomme les Lejeunianées a la capsule quadridentée, l'autre que je nomme les Jungermaniacées a la capsule quadrivalve. Cette seconde tribu se subdivisera d'aprés la considération des tiges frondeuses ou feuillées : les autres caractères seront tirés de la colésule, des élatères, du périchèze et des graines.

TRIB. I. LEJEUNIACEÆ.

Theca pellucida univalvis quadridentata.

CODONIA.

Perichætium monophyllum colesuliforme, campanulatum ; colesula nulla ; theca sæpè irregulariter dehiscens ; elateres vagi liberi.

Pusilla.

MADOTHECA.

Colesula ore coarctato ; theca quadridentatâ ; elateres vagi circumdati.

Platiphylla. Lævigata.
Thuya.

LEJEUNIA *(Lib.)*.

Colesula ore coarctato ; theca quadridentata, elateres terminales circumdati.

Calcarea *(Lib.)* Calyptrifolia.
Minutissima. Hamatifolia.
Serpyllifolia. *(Lib.)*

TRIB. II. JUNGERMANNIACEÆ.

Theca coriacea ad basim usque quadripartita.

§. I. FOLIOSÆ.

† *Foliosæ; elateres mediani.*

PHRAGMICOMA.

Theca quadripartita; elateres mediani, geminati, circumdati.

Mackii.

JUBULA.

Theca quadripartita; elateres mediani solitarii, circumdati.

Hutchinsiæ. Dilatata.
Tamarisci.

†† *Foliosæ; elateres vagi, colesula imposita.*

RADULA.

Colesula imposita, compressa; theca quadripartita.

Complanata. Asplenioïdes.
Resupinata. Nemorosa.
Umbrosa. Spinulosa.
Undulata. Tridenticulata.

MESOPHYLLA.

Colesula imposita, immersa; theca quadripartita; elateres vagi.

Compressa. Scalaris.

JUNGERMANNIA.

Colesula imposita, libera, ovata, ore coarctato; thecca quadripartita; elateres vagi.

Albicans.	Inflata.
Obtusifolia.	Minuta.
Dicksonii.	Sphærocarpa.
Lanceolata.	Stipulacea.
Autumnalis.	Bidentata.
Pumila.	Graveolens.
Excisa.	Heterophylla.
Capitata.	Sphagni.
Incisa.	Taylori.
Bicuspidata.	Barbata.
Francisci.	Crenulata.
Albescens.	Trilobata.
Connivens.	Tridentata.
Curvifolia.	Polyanthos.
Reptans.	Hyalina.

THRICHOLEA.

Colesula cylindrica, hirta, ore aperto; thecca quadrivalvis; elateres vagi.

Tomentella.	Tomentosa.

††† *Foliosæ; colesula pendula.*

SACCOGYNA.

Colesula pendulina glabra; thecca valvaris, quadripartita.

Viticulosa.	Weberi.

CINCINNULUS.

Colesula pendulina hispida; theca contorta, quadripartita.

Trichomanis.

†††† *Foliosæ, colesula nulla.*

SCHISMA.

Folia perichætialia libera; colesula nulla; elateres geminati nudi.

Juniperina. Concinnata.
Adunca.

MARSUPELLA.

Perichætium fissum colesuliforme; colesula nulla; elateres geminati nudi.

Emarginata. Polyanthos.

MNIOPSIS.

Colesula nulla; elateres terminales solitarii circumdati; semina marginata.

Hookeri.

§. II. LEMNISCEÆ S. APHYLLÆ.

†. *Colesula exserta.*

DILÆNA.

Perichætium monophyllum; colesula exserta fissa.

Leylii. Hybernica.

†† *Colesula nulla.*

FASCIOLA.

Perichætium bivalve; colesula nulla; elateres terminales simplices.

Furcata. Violacea.
Pubescens.

ANEURA.

Perichætium fimbriatum ; colesula nulla ; elateres terminales.

Multifida. Pinguis.
Sinuata. Palmata.

SCOPULINA.

Perichætium fimbriatum ; colesula nulla ; elateres centrales, geminati, circumdati.

Epiphylla. Endiviæfolia.

††† *Colesula interior.*

BLASIA.

Colesula interior ; elateres vagi geminati ; semina marginata.

Pusilla.

CEPHALOTHECEÆ.

Thecæ in receptaculo communi aggregatæ.

MARCHANTIA.

Receptaculum masculum stipitatum ; femineum stipitatum capsulis quinquefidis.

Polymorpha.

CONOCEPHALUS (*Neck.*)

Umbraculum stipitatum conicum ; capsulæ quinque valves.

Conicus. Hemisphæricus.

FIMBRARIA (*Nees.*)

Calyptra saccata, latere fissa, propendens; capsulæ circumscissæ sessiles.

Marginata (*Nees*). Fragrans (*Nees*).
Saccata (*Nees*). Tenella (*Nees*).

LUNULARIA (*Mich.*)

Umbraculum decussatum; capsula quadrilobata.

Cruciata.

FINIS.

TABLE
DES MATIÈRES.

ERRATA.

Page 58 Grossularia, *lisez* Grossulacia.

Page 73 Circonspection, *lisez* Circonscription.

Page 78 Coriandri, *lisez* Coriandrina.

www.ingramcontent.com/pod-product-compliance
Ingram Content Group UK Ltd.
Pitfield, Milton Keynes, MK11 3LW, UK
UKHW020347230726
13925UKWH00003B/1010

9 782013 537056